9Cr
铁素体
耐热钢概论

张文凤　著

U0396418

华南理工大学出版社
SOUTH CHINA UNIVERSITY OF TECHNOLOGY PRESS
·广州·

内容提要

本书对铁素体耐热钢的强化机理进行了深入剖析，并设计了多种强化机制下的多种组织形态，以满足不同使用环境。内容共分三个部分：第一部分讲述了火电用铁素体耐热钢的发展历程、目前最新技术、铁素体耐热钢的失效机制、强韧化途径等。第二部分介绍多尺度析出相强化马氏体耐热钢的设计；在强化机制及失效过程中组织的演变基础上，研制了一种新型的多尺度析出相强化马氏体耐热钢，并对其进行了不同条件下蠕变和高温弛豫性能研究。第三部分介绍核聚变托马斯反应堆用低活化铁素体耐热钢（RAFM）的发展状况。本书内容详实，部分试验结果来自中国科学院金属研究所先进钢铁研究组，一些数据来自作者多年在该领域的试验。本书可供从事钢的强韧机理研究及耐热钢方向研究的科技人员作为入门参考用书，也可供相关专业人员作为产品设计等的指导用书。

图书在版编目（CIP）数据

9Cr铁素体耐热钢概论/张文凤著. -- 广州：华南理工大学出版社，2024.6.
ISBN 978 - 7 - 5623 - 7729 - 0

Ⅰ. TG142.23

中国国家版本馆 CIP 数据核字第 2024LE8463 号

9Cr Tiesuti Nairegang Gailun

9Cr 铁素体耐热钢概论

张文凤　著

出 版 人：柯　宁
出版发行：华南理工大学出版社
（广州五山华南理工大学 17 号楼，邮编510640）
http：//hg. cb. scut. edu. cn　E-mail：scutc13@ scut. edu. cn
营销部电话：020 - 87113487　87111048（传真）
责任编辑：张　颖　黄冰莹
责任校对：伍佩轩
印 刷 者：广东虎彩云印刷有限公司
开　 本：787mm×1092mm　1/16　印张：10　字数：259 千
版　 次：2024 年 6 月第 1 版　印次：2024 年 6 月第 1 次印刷
定　 价：53.00 元

前 言

本书以蠕变性能优异的耐热钢 P91、P92 钢以及未来核聚变反应堆用候选结构材料——中国低活化马氏体耐热钢 CLAM 钢、ODS 钢为研究对象，研究了几种常用高铬马氏体耐热钢的失效方式，并在 P92 钢基础上进行成分优化，以提高组织的高温稳定性，增强材料的热强性。同时结合弥散强化合金在不同条件下的不同蠕变机制，本研究提出了多尺度碳氮化物强化马氏体耐热钢的概念，建立了热处理态及蠕变过程中的组织模型，并通过热变形及后续热处理的方法获得了多尺度碳氮化物强化马氏体耐热钢，并证明其蠕变性能优于 P92 钢。

首先，通过调整钢的化学成分，主要包括降 C，以降低 $M_{23}C_6$ 的含量，从动力学上降低其粗化速率；去 B，以防止形成脆性 BN 成为裂纹源；去 Mo，以避免形成粗化速率较高的 Laves 相。

然后，通过调整钢的热变形参数，控制诱变铁素体的体积分数及分布，进而控制诱导析出相的尺寸及分布。主要的实验结果是，通过精确定位各种软化机制的开始位置，如动态回复、动态再结晶、准动态再结晶、诱导相变、静态再结晶等，确定各软化机制的发生条件及各软化机制对组织演变的影响，进而调整变形参数以获得目标组织。研究结果显示，在低 Zener-Hollomon（Z）条件下（高温低应变速率），动态再结晶及诱导相变的快速进行导致了近等轴晶组织的形成。随着 Z 值增加，动态再结晶及诱导相变的形核过程减慢，但诱导相变铁素体的长大速度较大，形成条状铁素体和马氏体组织。同时铁素体的长大消耗了大部分的储存能，使其成为维持良好加工性能的主要因素。但当 Z 值继续增加时，动态再结晶和诱导铁素体晶粒的长大速率也大幅降低，但准动态再结晶发生，使动态再结晶晶粒快速长大，导致铁素体和马氏体混合晶组织的出现。

由于铁素体中的合金元素固溶量小于奥氏体中的含量，且合金元素在铁素体中的扩散系数高于在奥氏体中，因而高温下诱变铁素体会更利于析出相的诱导析出及长大，铁素体的分布及形态决定着诱导析出相的分布。因此可以通过控制诱变铁素体的含量及分布来调整诱导析出相的分布及体积分数。而变形条件为 1000 ~ 1100℃温度区间及（0.01 ~ 1）/s 应变速率时，诱变铁素体的形态为条状，与马氏体相间分布，且诱导铁素体的体积分数约占 50%，为最有利于析出相析出及均匀分布的变形条件。

在随后的变形后的弛豫实验中，确定了析出相开始析出位置为弛豫曲线中的应力突增位置。实验结果发现，在不同变形条件及弛豫温度下，诱导析出相的析出行为不同。例如在连续变形后的弛豫过程中，Nb（C，N）析出相在 940℃变形并弛豫时大量析出；在变温连续变形后的弛豫过程中，$M_{23}C_6$ 在 800℃变形并弛豫时大量析出；在变温非连续变形后的弛豫过程中，除了上述两种析出相外，在 750℃变形并弛豫时，（Nb，V）（C，N）大量析出。变形量及初始变形温度也影响析出相的析出行为。前者通过影响位错密度，进而影响位错节数量，即析出相的形核位置，最终影响析出相的析出行为；后者通过影响该温度下的组织形态，尤其是诱变铁素体分布及含量，最终影响析出相的分布及数量。析出相的尺寸是弛豫温度和弛豫时间的函数，在高温时，合金元素扩散速率较大，有利于析出相的析出；时间延长，析出相的扩散距离增大，有利于析出相的长大。对于在 940℃ 鼻尖温度析出的 Nb（C，N）粒子，其弛豫 1000s 时，析出相的尺寸最大在 120nm 左右；在 800℃ 鼻尖温度析出的 $M_{23}C_6$ 粒子，其弛豫 1000s 时，尺寸最大在 230nm 左右；在 750℃ 鼻尖温度析出的（Nb，V）（C，N），其弛豫 1000s 时，尺寸最大在 30nm 左右。

最后，通过控制后续热处理工艺参数，实现多尺度碳氮化物强化马氏体耐热钢的制备。其中，后续热处理主要涉及奥氏体化及回火过程，热变形后的试样经奥氏体化后，初始的诱变铁素体 + 马氏体双相组织均转变为奥氏体，并在空冷后切变为单一马氏体组织。随着保温时间的延长，晶粒的均匀性提高，变形过程中诱变析出的碳氮化钒、$M_{23}C_6$ 在奥氏体化过程中全部重新溶入基体，而 Nb（C，N）则由于在奥氏体中的固溶度积小而溶解得较少。在回火过程中，合金元素在未溶的析出相上偏聚，导致非均质形核，形成较大尺寸（200nm）的析出相，稳定了晶界及亚晶界。同时，位错节上形成弥散细小（<20nm）的析出相，钉扎位错。最终获得稳定性较高、符合设计的组织模型——多尺度碳氮化物强化的单一马氏体组织。

研发成功的多尺度碳氮强化马氏体耐热钢在 600℃ 时效时表现出优良的组织稳定性，在 650℃ 时效时组织发生再结晶，稳定性急剧降低，但再结晶发生开始时间由单尺度析出相强化时的 500h 延长至 3000h。通过组织观察发现，650℃ 时效时发生再结晶的原因与晶界上 200nm 左右析出相的重溶有关。新钢种在 600℃ 蠕变时，随着应力的增加，位错密度增加，组织得到细化。新钢种在 600℃ 的持久性能优于 P92 钢，且随应力的增加其持久性能的优越性更加突出，到 210MPa 时其持久性能是 P92 钢的 2 倍以上。

尽管调控后的组织初步达到设计的目标，但 200nm 左右的析出相分布不均匀，且蠕变/时效过程中析出的 Laves 相易于连成条状，在失去了阻碍晶界运动作用的同时易成为裂纹萌生的优选位置。后续研究应重点放在 200nm 析出相的分布及 Laves 相的长大方式等方向上。

张文凤

2023 年 9 月于广州

目　录

1 火电用马氏体耐热钢

马氏体耐热钢通过调整合金种类和含量，可用于火电站的锅炉管壁、核聚变反应堆管壁、航空部件等。本章主要介绍火电用马氏体耐热钢。

1.1 火电用马氏体耐热钢的研究现状及发展方向

随着电力需求量的逐渐增加，迫切需要提高燃煤发电机组的效率和减少污染物的排放。高参数、大容量的发电机组是提高效率和减少排污的有效途径（Hagen, et al, 2010）。而发电机组的效率提高，取决于蒸汽温度及压力的提高。通常当蒸汽压力 ≥ 22.19MPa 时称为超临界机组，蒸汽温度 ≥ 593℃ 或蒸汽压力 ≥ 31MPa 时称为超超临界机组（Viswanathan, et al, 2006）。但我国发电机组的蒸汽温度参数长期停留在 538℃ 的低水平（朱丽慧，1999），温度不能提高的主要原因是材料问题没有得到很好解决。

目前，国内外高临界参数电站的锅炉管用耐热钢主要是高铬马氏体耐热钢和奥氏体耐热钢两大类。但由于奥氏体耐热钢的热加工能力不足，严重影响其广泛应用（Klueh, et al, 2007）。除了形状简单及对抗腐蚀性能要求非常严格的厚壁件外，大部分高温承压部件（如高温过热的进出口集箱和管道）都替换为马氏体耐热钢材料（Klueh, et al, 2007）。这是因为其具有较高的热传导系数和较低的热膨胀系数，同时具有较好的抗热疲劳性能、良好的冷热加工性能、优异的焊接性能，以及较高的热强度，即有足够的持久强度、蠕变强度和持久塑性（Viswanathan, et al, 2001）。另外，组织稳定性较高也是马氏体耐热钢广泛应用的原因之一。

1.1.1 火电用马氏体耐热钢的研究现状

马氏体耐热钢的发展主要是按其合金化设计思路发展的，主要包括三个重要阶段：一是引入微合金化元素 V、Nb 等形成微细碳化物、碳氮化物，通过析出强化提高持久强度至 100MPa（600℃/10^5h）；二是采用 Mo-W 复合固溶强化，降 Mo 增 W 或用 W 替代 Mo，提高持久强度至 140MPa（Nagode, et al, 2011）；三是通过增加 W 同时添加 Co、B，提高持久强度至 180MPa（Viswanathan, et al, 2006）。随着合金化成分的不断调整优化，马氏体耐热钢的持久强度得以不断提高。马氏体耐热钢的发展历程（Viswanathan, et al, 2006）如图 1-1 所示，其典型的化学成分（Viswanathan, et al, 2006）如表 1-1 所示。Cr 是马氏体耐热钢中的基础合金元素，属于铁素体形成元素。材料的抗氧化耐腐蚀能力随着 Cr 含量的增加而提高，当 Cr 含量超过 11% 时可以显著改善材料在 650℃ 下的耐蚀性能。质量分数为 2% 和 9%～12% Cr 的马氏体耐热钢的蠕变激活能出现极值，材料的抗蠕变性能最佳（Viswanathan, et al, 2001），因而这三个系列的马氏体耐热钢得到广泛的研究和发展。

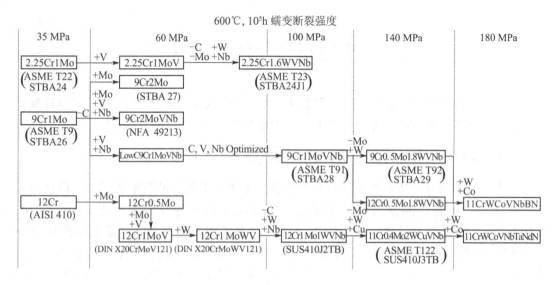

图 1-1 马氏体耐热钢的发展历程图

表 1-1 典型马氏体耐热钢的名义化学成分

钢系	钢号	C	Si	Mn	Cr	Mo	W	Co	V	Nb	B	N	其他	最高使用温度
2-3Cr	T/P22 (2.25 Cr1Mo)	0.15 max	0.3	0.45	2.25	1.0								520~538℃
	T/P23	0.06	0.2	0.45	2.25	0.1	1.6		0.25	0.05	0.003	0.05		625℃
	T/P24 (2.25Cr1 MoVTi)	0.08	0.08	0.3	0.50	1.0			0.25		0.004	0.03 max	0.07Ti	
	ORNL 3Cr3WVTa	0.10	1.14	0.50	3.0		3.0		0.25				0.10Ta	
9Cr	T/P9 (9Cr1Mo)	0.12	0.6	0.45	9.0	1.0								520~538℃
	T/P91	0.10	0.4	0.40	9.0	1.0			0.20	0.08		0.05	0.5Ni	593℃
	T/P911 (E911)	0.11	0.4	0.40	9.0	1.0	1.0		0.20	0.08		0.07		620℃
	T/P92 (NF616)	0.07	0.06	0.45	9.0	0.5	1.8		0.2	0.05	0.004	0.06		620℃

钢系	钢号	C	Si	Mn	Cr	Mo	W	Co	V	Nb	B	N	其他	最高使用温度
12Cr	HT91 (12Cr1MoV)	0.20	0.40	0.60	12.0	1.0			0.25				0.5Ni	560℃
	HT9 (12Cr1MoWV)	0.20	0.40	0.60	12.0	1.0	0.5		0.25				0.5Ni	560℃
	HCM12	0.10	0.30	0.55	12.0	1.0	1.0		0.25	0.05		0.03		593℃
	T/P122 (HCM12A)	0.11	0.1	0.60	12.0	0.4	2.0		0.2	0.05	0.003	0.06	1.0Cu	620℃
	NF12	0.08	0.2	0.50	11.0	0.2	2.6	2.5	0.20	0.07	0.004	0.05		650℃
	SAVE12	0.10	0.3	0.20	11.0		3.0	3.0	0.20	0.07		0.04	0.07Ta 0.04Nd	650℃

目前在国内外超临界火电机组中已获应用的马氏体耐热钢中持久强度最为优异的钢种有 T/P91、E911、T/P92 和 T122。近些年来国际上正在重点进行加入了 Co 元素后最高使用温度可达 650℃ 且 600℃/10^5h 条件下的持久强度可达 180MPa 的耐热钢（NF12、SAVE12）的研究开发工作，为超超临界机组的蒸汽参数升级做好材料准备（Coleman, et al, 2004）。T/P91、E911、T/P92 在 600℃/10^5h 条件下的持久强度分别为 94MPa、98MPa 和 113MPa（Beladi, et al, 2004）。

1.1.2 火电用马氏体耐热钢的发展方向

对于 650℃ 级别以下的超超临界发电机组的高温部件，目前几乎全部由马氏体耐热钢制成，而对于更高级别（700℃）的发电机组，除了直接接触蒸汽的蒸汽管道及联箱采用奥氏体钢外，其余部件也将会逐步采用马氏体耐热钢替代。但目前已投入使用的马氏体耐热钢仅仅能用于 600℃ 左右级别的发电站（Viswanathan, et al, 2001）。因此，对于应用于 650℃ 级别及以上的发电站部件马氏体耐热钢的研究迫在眉睫。

目前，各国针对马氏体耐热钢的研究，主要集中在以下几个方面：

1）调整合金成分

通过微调合金成分来强化高温强度，如目前的研究热点包括向钢中加入 Co 元素以提高其使用温度或增加蒸汽压力（Murata, et al, 2002）；加入 Ta、Ti 等弥散强化元素以平衡 Cu 的引入（Gustafson, et al, 2002）。不过合金元素的过多添加虽然可以提高钢的初始强度，但会劣化焊接性能及导致高温下组织演变速率的加快，从而降低了钢的持久强度（Gustafson, et al, 2002）。降低 C 含量（接近到 0 值），同时增加 N 含量，以提高析出相的稳定性等（Zhang, et al, 2011）。

2）调控组织

通过改变铁素体的加工工艺，如轧制工艺、热处理工艺等，改变第二相粒子的尺寸及分布，从而提高弥散强化效果（Poirier, 1976）。结合耐热钢的具体成分，确定最适宜的加工工艺，可有效提高钢的高温强度，延缓钢在蠕变过程中的组织退化过程，以提高钢的持久强度。

3）调控析出相

根据析出相的粗化速率及稳定性开发新型马氏体耐热钢。

（1）Z 相钢的制备：通过提高 Cr 和 Co 含量（避免 δ − 铁素体形成）、降低 C 含量（减少因碳化物形成而引起的 Cr 的消耗）以及用 Nb-Ta 组合替代 Nb-V 组合来提高 Z 相析出的驱动力，增加 Z 相的形核率，减小 Z 相的平均尺寸，采用 650℃ 回火工艺开发出了 Z 相强化钢原型材料（Chilukuru, et al, 2009）。

（2）MX 相钢的制备：根据 MX 氮化物的粗化速率低于 $M_{23}C_6$ 碳化物，且热稳定性依次为 NbN > VN > NbC > TiC > VC（Park, et al, 2009）。因此在质量分数为 9%～12% 的 Cr 钢一般选择复合添加 Nb、V，获得板条内部、板条界、板条束界、晶区界和原奥氏体晶界上均匀分布的具有低粗化速率的 MX 氮化物的组织。该类析出相对位错和界面的钉扎作用可增强并延长其有效作用时间。Taneike 等人的研究结果证实，通过开发 MX 相强化钢改善持久性能的愿望具有可行性（Taneike, et al, 2004）。

4）表面处理

随着服役温度的提高，马氏体耐热钢中的 Cr 含量往往不能保证足够的抗腐蚀能力。因此，采用表面处理的方法来改善马氏体耐热钢防腐和抗氧化能力，表面涂层与基体的结合强度和弹性模量的匹配等应放在考虑范围内（Rodriguez, et al, 1993；Bendick, et al, 2000）。

5）新加工技术

主要指氧化物弥散强化钢（ODS）的制备，通过热等静压、烧结等手段将合金粉末和弥散细小的氧化物颗粒结合成块体（Bendick, et al, 2000），使其高温强度及抗蠕变能力远远高于传统的马氏体耐热钢。但其孔隙率较高，制备样品体积很小，工艺繁琐，造价较高（Bendick, et al, 2000）。

因此，目前针对马氏体耐热钢的研发，仍有许多难关需要攻克，需要长期探索和深入研究。

1.2 高铬马氏体耐热钢的变形行为

马氏体耐热钢的塑性变形主要有两种方式：恒应变速率变形，如等速压缩、拉伸等；恒应力变形，如蠕变。两种变形方式的曲线如图 1 − 2 所示。

任何变形的任意时刻，都可描述成组织参数（如晶粒尺寸及形状、相体积、分布、形状及大小、孔洞、（亚）晶界、位错、空位等）、外应力、变形速度之间的关系，即都可用状态方程表征（Poirier, 1976）：

$$\mathrm{dlg}\sigma = \gamma \mathrm{d}\varepsilon + m\mathrm{dlg}\dot{\varepsilon} \qquad (1-1)$$

其中，$\gamma = \dfrac{\theta}{\sigma}$，$\theta$ 为拉伸曲线的硬化系数，m 为应变速度敏感系数。

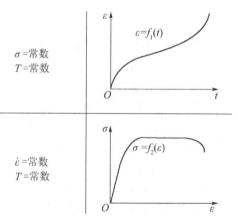

图 1 − 2　恒应力变形曲线（上）及恒应变速率变形曲线（下）示意图

1.2.1 变形速率控制的变形

在恒速变形时，样品首先发生弹性变形，所需载荷随时间线性增加。当应力达到弹性极限时，开始发生塑性变形（王从曾，2007）。若样品不发生再结晶，则应力维持在一常数；若发生再结晶，在应力达到峰值后降低到一定值。随着加工硬化与软化的交替，应力曲线也可能出现波浪线趋势（Zhang, et al, 2014）。

1.2.1.1 变形过程中的软化机制

变形过程中组织的演变主要取决于软化机制，而热变形过程中的软化主要由动态回复、动态再结晶、准动态再结晶、应变诱导相变及静态再结晶控制。动态回复发生在所有应变量大于 0.1 的变形试样中，是降低应力及应变硬化指数的主要机制（McQueen, et al, 2002）。动态回复是由于热激活使位错通过滑移或攀移而规则排列，即多边形化过程，位错堆砌成墙，形成亚晶界（Marchattiwar, et al, 2013）。已形成的亚晶界不断地被动态回复过程中的异号位错彼此抵消所破坏，同时在其他地方又有新的亚晶界形成，保持动态恒定的亚晶尺寸（Poirier, 1976）。对于堆垛层错能较高的材料，如铁素体钢，自扩散能力较小，扩展位错宽度较小，位错攀移、交滑移和脱锚等回复过程容易进行，所以材料在变形过程中难以达到发生动态再结晶所需要的临界位错密度，不发生动态再结晶，因而动态回复是热变形的主要软化机制（A. I. Fernandez, et al, 2003）。但对于层错能较低的材料，如奥氏体钢，当达到一个临界应变量时，动态再结晶容易发生（Dutta, et al, 2003）。动态再结晶是由于热加工过程中，动态回复无法抵消加工硬化导致的位错增值的积累，当达到临界条件时，形成晶核。准动态再结晶通常发生在轧制的道次之间或应变速率很低的连续变形过程中，只涉及动态再结晶晶粒的长大，而不会有新晶粒的产生。与其相反，静态再结晶则会形成新的晶粒（Uranga, et al, 2003）。应变诱导相变的发生要求临界应变量及变形温度高于 Ar_3 两个条件同时满足（Dong, et al, 2005）。在多道次变形中，在道次间或冷却过程中可能发生静态再结晶（Momeni, et al, 2011）。变形过程中，发生哪些软化机制取决于变形温度及变形速率的综合条件，即 Zener-Hollomon 函数。

1.2.1.2 热变形过程中的数学描述

热变形过程的应力 - 应变曲线可分为两类：一类为动态回复型，即当加工硬化和动态回复基本达到平衡状态，流变应力上升到峰值，基本不再发生明显变化；另一类是动态再结晶型，应力达到峰值后降低至一个稳态值，保持不变，而峰值应力随变性温度的降低和应变速率的增大而升高（崔忠析，2003）。

对于动态回复型曲线，Kocks 等从 $\theta - \sigma$ 实验曲线出发提出了 $\theta - \sigma$ 表达式（Kostka, et al, 2007）。Yoshie 等从理论出发给出了位错密度变化率与位错密度的表达式（Marchattiwar, et al, 2013）。

动态再结晶型流变曲线模型应用最广泛的是 Jonas 双曲函数模型（McQueen, et al, 2002），如式（1-2）所示，其既适用于低应力变形也适用于高应力变形。

$$Z = \dot{\varepsilon}\exp(Q/RT) = A[\sinh(\alpha\sigma)]^n \qquad (1-2)$$

其中，σ 为峰值应力，A、α、n 为与变形温度无关的常数，可由实验曲线获得。Q 为热变形激活能，R 为气体常数，T 为绝对温度。

Zener-Hollomon 参数（Z 值）体现了变量温度（T）与应变速率（ε）之间的相互作用（McQueen, et al, 2002）。应变指数（n）通常在 2～5 间变化。如对 HSLA 钢的变形实验结果显示，较小的 n 值与较高的应力相关（Hong, et al, 2002）。而在奥氏体不锈钢实验中，n 值在 4.2～4.6 之间变化。n 值也受系数 α 的影响，因此当 α 值较高时，n 值也较高（McQueen, et al, 1995）。如不锈钢的 α 值一般为 0.012MPa^{-1}，而 HSLA 及碳钢的 α 值为 0.014MPa^{-1}，所以 HSLA 的 n 值较高（A. I. Fernandez, et al, 2003）。热变形激活能 Q 代表原子扩散所需能量的临界值（Bhattacharyya, et al, 2006）。在大多数金属的高温（$>0.5T_m$）变形中，Q 代表自扩散激活能（Poirier, 1976）。合金元素的固溶强化、动态再结晶发生、析出相的诱导析出、相变等会强烈影响 Q 的变化（McQueen, et al, 1995）。动态再结晶一般能提高 10% 的 Q 值；不锈钢中合金元素的强化值一般分布在 67kJ/mol 左右（McQueen, et al, 1995）；诱变析出相可以提高 Q 值 30～150kJ/mol（HSLA 钢）（Marchattiwar, et al, 2013）。

1.2.1.3 变形过程中析出相的诱导析出行为

应变诱导析出是指金属在高温变形过程中，固溶在基体中的过饱和合金元素以碳氮化物或金属间化合物的形式诱导析出的过程。目前，低合金钢的轧制诱导析出在细化晶粒和改善组织方面已获得广泛引用（Hong, et al, 2002）。析出相的析出受变形温度、变形速率及变形量的影响显著，因此在一定变形条件下，变形—弛豫—冷却三个过程中，析出相均可形核（Hong, et al, 2002）。

高温下，钢中间隙原子（C, N）的扩散非常快，因此析出相的形核受控于析出相中固溶原子（金属原子）的扩散速度（Dutta, et al, 1992）。而固溶原子（金属原子）在高温下容易与空位形成聚合体，扩散速率显著增加，大大提高碳氮化物的形核率（Liu, 1995）。由于基体中空位浓度与温度成正比，因此温度越高，固溶原子的扩散速度越大，越有利于析出相的形核（Fahr, 1971）。但同时，温度越高，析出相所需的稳定临界尺寸越大，析出相形核后不稳定，重新固溶回基体，不利于析出相的大量析出（Liu, et al, 1988）。

金属材料在变形过程中会产生大量空位及位错。而螺型位错是空位的产生源（Hin, et al, 2008）。因此，随着变形的进行，位错大量增殖，即使在较低温度下，空位浓度急剧升高。随着固溶原子 - 空位聚合体不断向刃型位错或晶界处扩散，空位在位错等"井"处消失，固溶原子停留，析出相大量形核（Zhou, et al, 2008）。而弛豫过程使位错重新排列后，位错运动速度降低或基本不再运动，固溶原子沿位错线发生管道扩散，导致析出相的长大（Liu, et al, 1988）。在冷却过程中，随着温度降低，基体中产生过饱和空位，导致空位加速向晶界或位错等"井"处移动，加速固溶原子的扩散（Mola, et al, 2012）。同时在较低温度下析出相的临界尺寸降低，导致尺寸很小的析出相也可稳定存在（Militzer, et al, 1994），提高析出相的弥散度。

1.2.2 应力控制的变形

导致金属材料失效的原因随不同条件下蠕变机制的改变而不同。例如，材料在高温下的蠕变机制主要有热激活滑移、幂律蠕变、幂律失效、固溶体合金的黏滞性滑移、扩散蠕变（包括晶格扩散控制的 N－H 蠕变和晶界扩散控制的 Coble 蠕变）、H－D 蠕变和超塑性变形等（Langdon, 2000）。对于给定材料，在某一温度/应力下可能由某一种或几种变形机制占优势。

高铬马氏体耐热钢在给定温度和变化的应力下，其最低蠕变速率是应力的分段函数（见图1-3）：①低应力区域，蠕变主要以空位穿越晶粒扩散的方式进行，这种蠕变称为扩散蠕变（Diffusion creep）。蠕变速率受控于晶格扩散，应力 σ 与稳态蠕变速率 $\dot{\varepsilon}_{min}$ 的关系为：$\dot{\varepsilon}_{min} \propto \sigma^n$（$n=1$）（Kassner，2004）；②中等应力区域，蠕变可以通过位错攀移或粘滞性滑移进行，称为回复蠕变或粘滞性蠕变（Viscous creep）。蠕变速率受控于晶格扩散，有：$\dot{\varepsilon}_{min} \propto \sigma^n$（$n=3\sim5$）（Langdon，2002）；③高应力区域，蠕变可以通过位错的热激活滑移进行，称为位错蠕变（Dislocation creep）。蠕变速率受控于管道扩散，有：$\dot{\varepsilon}_{min} \propto \sigma^n$（$n=10\sim12$）（Kassner，et al，2007）。也有人认为，$\lg\dot{\varepsilon}_{min}$ 和 $\lg\sigma$ 曲线的斜率偏离线性关系，称为幂律失效（Power-law-breakdown），而将关系式表达为：$\dot{\varepsilon}_{min} \propto \exp(\sigma)$。不同应力水平下应力与稳态蠕变速率存在不同的函数关系，反映出各应力水平区域作用下蠕变遵循不同的机制，而且显微组织的演变规律也不同。

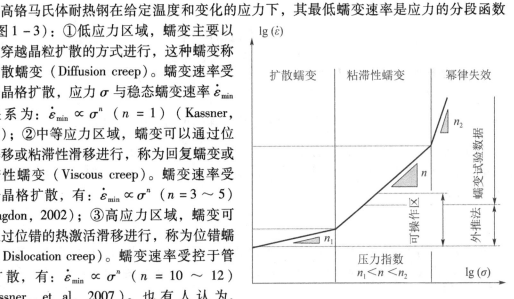

图1-3 应力与稳态蠕变速率的关系示意图

1.2.2.1 扩散蠕变

当温度很高和应力很低时，蠕变速率与应力成正比，变形主要是通过物质扩散在晶面之间输送，变形与位错无关。Nabarro 在1948年首先提出（Poirier，1976；Nabarro，2002），在非静水压力的应力场中，取向不同的晶面上空位的热平衡浓度不同，浓度可以引起表面间的空位流或相反方向的物质流，并由此产生晶体的宏观变形。假设晶粒中没有位错，即空位位移的井和源是自由表面，并且晶体非常小，表面与体积之比很大，如图1-4所示。

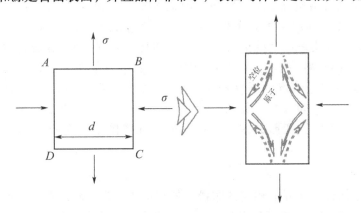

图1-4 单晶体的扩散蠕变变形

变形可以由晶粒内的体扩散引起，也可以由晶界上的扩散引起，而引起晶内物质流的因素主要有两种：空位浓度梯度引起物质流；空位化学势引起物质流。当变形由空位浓度梯度表示的体扩散引起的物质流时，最小蠕变速率与应力的关系如式（1-3）（Poirier，1976）所示。

$$\dot{\varepsilon} = \frac{2\alpha D}{d^2}\sinh\left(\frac{\sigma b^3}{kT}\right) \qquad (1-3)$$

其中，$\dot{\varepsilon}$ 为平衡蠕变时最小蠕变速率；α 为数值系数，表示晶体中尺寸为 d 的通道的比率；σ 为抗应力；b 为原子间距离；k 为系数；T 为变形热力学温度。由公式（1-3）可知，在低应力条件下为 $\dot{\varepsilon}\infty = \frac{D\sigma b^3}{d^2 kT}$，即最小蠕变速率正比于外应力及 $1/T$。

当变形由空位化学势表示的体扩散引起的物质流时（Nabarro-Herring 蠕变，Herring 模型，1950），最小蠕变速率与应力的关系如式（1-4）（Poirier，1976）所示，该式适用于低温变形。

$$\dot{\varepsilon} = B\frac{D\Omega}{kTd^2}\sigma \qquad (1-4)$$

其中，Ω 是原子体积。这时变形不再是通过晶粒的体扩散，而是由速度更快的沿晶扩散引起（Coble 模型，适用于高温）。最小蠕变速率与应力的关系如式（1-5）（Poirier，1976）所示。

$$\dot{\varepsilon} = \frac{148D_L\delta\sigma\Omega}{\pi kTd^3} \qquad （正应力） \qquad (1-5)$$

$$\dot{\varepsilon} = \frac{141D_L\delta\sigma\Omega}{kTd^3} \qquad （纯剪切应力） \qquad (1-6)$$

扩散通量和晶界滑移是相互连接的，由此产生的变形可不加区别地描述为由晶界滑移协调的晶粒扩散蠕变或由晶粒扩散蠕变协调的晶界滑移。当考虑到变形相容性——晶界滑移时，变形由扩散协调的晶界滑移产生，体扩散及晶界扩散同时进行时，最小蠕变速率与应力的关系如式（1-7）（Poirier，1976）所示。

$$\dot{\varepsilon} = C\frac{\sigma\Omega}{kT}\frac{1}{d^2}D\left[1 + \frac{\pi\delta}{\lambda}\frac{D_L}{D}\right] \qquad (1-7)$$

其中，$C=40$；d 为晶界宽度；D 和 D_L 分别为体扩散系数和晶界扩散系数；λ 为晶界长度 $\approx d$。在极限条件下即为单一体扩散或单一晶界扩散的数值，即 $\dot{\varepsilon}\propto\sigma$。

扩散蠕变理论在实验中明确地表现出来，并且证实 Nabarro-Herring 蠕变及 Coble 蠕变在细晶粒多晶体材料中确实存在，而且是高温低应力条件下重要的变形方式。扩散蠕变并非只限定在接近熔点的温度范围，Coble 蠕变从高于熔点的绝对温度的一半开始，可能有可观的工艺重要性，如图 1-5 所示。图中用变形速度作为参数，将晶粒尺寸为 50μm 的 304 不锈钢变形的占优势机制的不同范围表示在归一的应力和温度平面（σ/μ，T/T_m）上。

1.2.2.2　回复蠕变

大部分模型均通过实际上相同的假设，得到形式上为 $\dot{\varepsilon}\propto\sigma^3$ 的规律，即硬化指数为 3。无论变形是由滑移还是由攀移引起，或位错的销毁位置分布在体积中还是集中于亚晶界上，研究表明，位错墙作为位错销毁位置的重要作用，似乎愈来愈可能的是变形并非由亚晶粒内部的回复控制，而是由亚晶界内位错的攀移和销毁来控制。

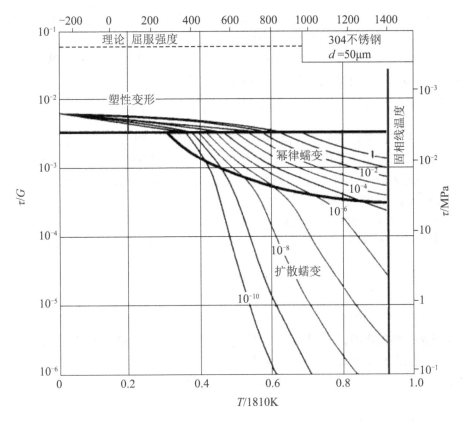

图 1-5 晶粒尺寸为 50μm 的 304 不锈钢的变形机制图

不考虑晶界及亚晶界的协调作用时，内应力的减小（回复）是位错弧攀移使三维位错网尺寸增加的结果。变形是由位错网弧在内应力场中的滑移引起。1966 年提出的 McLean 模型，如式（1-8）（Poirier，1976）所示。

$$\dot{\varepsilon} = \frac{r_0}{h}\sigma_i\exp\left(-\frac{Q_D}{kT}\right) \qquad (1-8)$$

其中，r_0 为变形速度为 0 时的回复速度；σ_i 为内应力；h 为回复为 0 时应力-应变曲线上的硬化系数；Q_D 为激活能。可以看出，由位错滑移引起的变形，变形速率与内应力成正比。

但 Navarro（Poirier，1976）在 1967 年提出的 Navarro 模型，认为变形是由位错网弧在内应力场中的攀移引起的，应变速率的表达式如式（1-9）及式（1-10）所示。

$$\dot{\varepsilon} = \frac{Db\sigma^3}{\pi kT\mu_2}\frac{1}{\log(4\mu/\pi\sigma)} \qquad 晶格扩散 \qquad (1-9)$$

$$\dot{\varepsilon} = \frac{4D_cb\sigma^5}{\pi^4 kT\mu^4} \qquad 管道扩散控制 \qquad (1-10)$$

Weertman 由 Orowan 关系，重新推导出 Nabarro 模型的表达式如下：

$$\dot{\varepsilon} = \frac{\pi D\beta^2}{10b^2}\left(\frac{\sigma}{\mu}\right)^2\frac{\sigma b^3}{kT} \qquad (1-11)$$

该式与晶格扩散方式引起的物质流的变形公式（1-9）仅差一个数值系数。另外，

Weertman 于 1955 年首先提出一个模型，认为蠕变变形是由通过攀移越过障碍的刃型位错的滑移引起的，且相互平行的滑移面上的位错源产生的位错圈的刃型部分通过应力场互锁产生塞积，两组塞积中的首位错可以相互攀移销毁来解冻位错源，使滑移继续进行（Bendick, et al, 2000）。计算公式（Poirier, 1976）如下所示：

$$\dot{\varepsilon} = \alpha' \frac{D}{b^2} \left(\frac{\sigma}{\mu}\right)^3 \frac{\mu b^3}{kT} \tag{1-12}$$

可见，在上述回复蠕变的所有模型中，蠕变速率均与应力的三次方成正比。

以上模型均未考虑亚晶粒及位错墙的存在，认为位错在晶粒内均匀分布排列成三维网或分布在平均间隔的滑移面上。而位错墙及亚晶界是位错运动最有效的障碍（Langdon, 2000），以下三个模型考虑到其作用：

（1）Ivanov 及 Yanushkevich 模型（1964）。

亚结构的尺寸不影响 $\dot{\varepsilon}$，位错墙的存在仅仅提供实际上位错销毁的地点（Poirier, 1976）：

$$\dot{\varepsilon} = \alpha'' \frac{D}{b^2} \left(\frac{\sigma}{\mu}\right)^3 \frac{\mu b^3}{kT} \tag{1-13}$$

（2）Blum 模型（1971）。

位错墙是滑移的障碍，起相邻单元中相反符号位错相互抵消位置的作用，且认为位错产生速度等于位错销毁的速度（Poirier, 1976）：

$$\dot{\varepsilon} = \alpha''' \frac{D}{b^3} \left(\frac{\sigma}{\mu}\right)^4 a \frac{\mu b^3}{kT} \tag{1-14}$$

其中，a 为与应力无关的位错墙厚度。

（3）Weertman 塞积模型（1972）（Poirier, 1976）：

$$\dot{\varepsilon} = \alpha'' \frac{D}{b^2} \left(\frac{L}{b}\right)^3 \left(\frac{\sigma}{\mu}\right)^6 \frac{\mu b^3}{kT} \tag{1-15}$$

如式（1-15）所示，若 $L = L_0 \frac{\mu}{\sigma}$，则 $\dot{\varepsilon} \propto \sigma^3$；若 $L = L_0 \left(\frac{\mu}{\sigma}\right)^{2/3}$，则 $\dot{\varepsilon} \propto \sigma^4$。

式（1-13）～式（1-15）中，α''，α'，α''' 均为调整系数。

1.2.2.3 位错蠕变

认为变形由位错滑移引起。当滑移驱动力为外应力时，位错蠕变模型主要有 Barret 和 Nix 模型（1965）及 Li 模型。Barret 模型认为变形由螺型位错的滑移引起。而螺型位错的运动受到只能通过攀移方随同位错运动的不动割阶的限制。只有当割阶通过攀移前进 b 时，螺型位错才能滑移距离 b。通过障碍的能量一部分是由外应力作用在割阶上的攀移弹性力提供。蠕变速率与应力关系如式（1-16）所示（Langdon, 2000）。

$$\dot{\varepsilon} \propto D\sigma^3 \sinh\left(\frac{\sigma \lambda b^2}{kT}\right) \tag{1-16}$$

其中，λ 为位错长度。

Li 模型（1963）则认为，变形由同属一个平面网中的一组位错的滑移引起，蠕变速率与应力关系如式（1-17）所示（Poirier, 1976）：

$$\dot{\varepsilon} \propto \rho \exp\left(-\frac{Q}{RT}\right)\left[\sinh\frac{\sigma l b^2 \sin\varphi}{2nkT}\right]^n \tag{1-17}$$

其中，l 为单位位错网格长度；n 为原子个数。

当滑移驱动力为有效应力时，即 $\sigma_{eff} = \sigma_m - \sigma_i$，主要有 Ahlquist、Gasca-Neri 和 Nix 模型（1970）以及 Saxi 和 Kroups 模型（1972）两种。其中 Ahlquist、Gasca-Neri 和 Nix 模型假定滑移和硬化的驱动力为有效应力，而回复驱动力为平均内应力；Saxi 和 Kroups 模型则认为回复和滑移同时存在。

当变形由位错交滑移引起时，属于热激活型变形，需在较高温度才能进行（崔忠析，2003）。交滑移的过程是在某一平面上扩展的螺型位错离开这个平面，在另一个平面上滑移的过程。或是因为滑移在初始平面中被障碍阻塞，或者在塑性变形开始时位错并不在应力的最惠平面上扩展。这两种情况均造成位错的高能组态。这时位错由一个平面转动到另一个平面上更有利于滑移。势垒可借助于应力或热运动克服。因此，交滑移是热激活的（Viswanathan，et al，2006）。

当位错未在受惠于应力的平面上扩展时，经过交滑移，位错在这个平面上的滑移成为可能时，弹性极限由滑移决定。当交滑移的目的是为了绕过滑移面中的障碍时，这便是变形过程中起作用的一种机制，可以说是一种回复过程。硬化减小，应力 – 应变曲线由线性变成抛物线形。交滑移的激活能取决于位错扩展的宽度。

1.3 高铬马氏体耐热钢的损伤机制

高铬马氏体耐热钢采用了高合金化和随后的正火或淬火加高温回火的热处理工艺，以获得位错强化（主要是马氏体相变强化）、固溶强化和析出强化等复合强化效果（Zhang，et al，2012）。耐热钢经正火加高温回火的热处理后获得的典型显微组织，如图 1 – 6 所示。

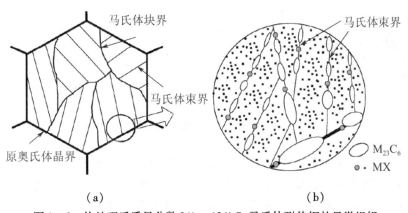

（a）   （b）

图 1 – 6 热处理后质量分数 9% ～ 12% Cr 马氏体耐热钢的显微组织

原始组织经长时高温蠕变后，必然发生退化产生蠕变损伤而最终导致材料失效。Ashby 和 Dyson（Kassner，et al，2007）归纳总结出导致蠕变损伤的几个原因：亚晶粒的动态粗化；可动位错的繁殖；蠕变空洞的产生及长大；析出相的粗化；基体中固溶原子的消耗；氧化（Hagen，et al，2010）。其中前三项是由外加应力所引起的材料损伤，中间两项则与微观粒子热运动相关，最后一项则是由环境因素所引起的材料损伤。

1.3.1 亚晶粒的动态粗化

回火马氏体组织的每个晶粒内，各区域的取向并非完全一致，而是存在着许多尺寸小、取向差很小的马氏体块，如图 1-6 所示。相邻马氏体块之间的位相差非常小，在 2°～8°之间，因此马氏体块是亚晶粒的一种（Taylor，et al，2011）。亚晶界的结构是位错网格，只涉及几个原子层的厚度。因此，亚晶粒是由位错墙分开的取向不同的小单元。可以说是第一层次的亚结构（Azevedo，et al，2005）。相互之间的位向差的数量级为度，其尺寸大致为十几或一百微米左右。若位错密度很高，亚晶粒内部的位错集结成位错缠结或取向差较小（数量级为 1/60 弧度）的墙的形式，形成内部只有极少孤立位错的胞状组织。对于由塞积造成的多边形化，倾角界面与亚晶界墙类似，在极端情况下可认为亚晶粒是胞状亚结构的进一步发展（Momeni，et al，2011）。但在同一滑移面上，两种符号的位错排列成墙，这些墙相互排斥，占据了提供的全部空间，直至变作一种二维位错分布，形成的亚结构为胞状亚结构。这种胞状亚结构可能并不标志变形的特征，而只是位错的重新排列（Wu，et al，2011）。亚结构在变形的初始阶段或过渡阶段形成，但恒变形速度和恒应力稳态阶段的出现总是与完善的亚结构和亚晶粒相对应。两种亚结构形貌（Kassner，2005）如图 1-7 所示。

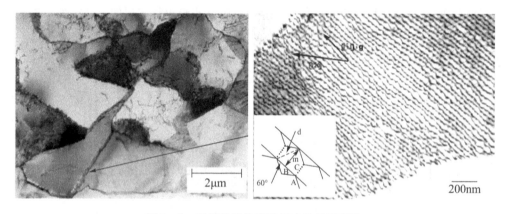

图 1-7 亚晶粒及位错墙组成的晶界形貌

在持久试验中，晶粒参与形变位错增值。同时各晶粒相互协调，在晶粒内部不同区域滑移系开动的情况不同，逐步形成回火组织的各个区域"分割"形成胞块，亚晶界逐步形成（Azevedo，et al，2005）。当达到最小蠕变速率的稳态蠕变阶段时，组织演变为等轴亚晶粒。亚晶粒的尺寸取决于稳态的最小应变速率，即应变速率一定时，亚晶粒的尺寸是一定的。亚晶粒尺寸 D_{SG} 和应力 σ 间的经验关系为：$D_{SG}=K\mu b/\sigma^n$，n 通常等于 1，有时略小于 1（Poirier，1976）。Poirier 提出，在亚结构为由四个面是倾角晶界的平行六面体组成时，系数 K 正比于平行墙系统比垂直墙系统超出的同号位错数目。但是，只有在由位错攀移引起的变形时（扩散蠕变通过晶界间的物质输送实现，不伴随亚晶粒的形成），亚晶尺寸才能用上式表征外应力的大小（Poirier，1976）。可以普遍证明，在整个稳态阶段的亚晶粒尺寸不再发生变化，因此亚晶粒尺寸与应变量无关。同样，亚晶粒内部的位错密度在初始阶段减小之后，于稳态阶段亦保持不变。即形成亚晶粒墙和胞墙的位错组织不断地形成和销毁，达到动态平衡。但亚晶粒间的位向差随着持久变形及时间而增加（Taylor，et al，2011）。

若亚晶粒内的位错在各自应力场作用下平衡或形成三维位错网，则位错密度取决于应力 σ。亚晶尺寸、亚晶内部自由位错密度与持久强度的关系可以用公式 $\lambda = 10Gb/\sigma$ 和 $\rho = (\sigma/0.5MGb)^2$ 表示（Poirier，1976），其中 λ、ρ、σ 分别为亚晶尺寸、位错密度和持久强度，G、b、M 分别为剪切模量、柏氏矢量长度和泰勒因子，可定量地反映出材料的持久强度随亚晶尺寸增加和位错密度降低而单调降低的规律。

亚晶界的重要作用是可作为位错销毁导致回复的位置。此外，在稳态流变阶段，位错集中在变形时位向差逐渐增加的亚晶界上，比位错均匀分布时更有效地吸收晶体提供的能量（Marchattiwar，et al，2013）。但是在高温蠕变过程中，随着时间的增加，金属原子大量扩散，相邻（亚）晶粒发生相互转动，（亚）晶间位向差逐渐增加，（亚）晶界发生滑移。最终导致蠕变速率急剧升高，材料失效（Kostka，et al，2007）。因此，降低稳态蠕变阶段的亚晶间扭转及弯曲速率，减缓位向差的增加，对提高材料的蠕变性能有着非常重要的影响。

1.3.2 可动位错的繁殖

晶界是一种位错源，因为晶界上有许多位错网格和点缺陷，可以作为 F-R 源或 B-H 源而发射或吸收位错。即晶界是位错源也是位错的尾闾，如图 1-8（Hin，et al，2008）所示。另一种位错源是沉淀相。当位错在滑移过程中遇到沉淀颗粒或杂质时，有 4 种后果（潘金生，et al，2011）：①停止运动，造成位错塞积。②继续滑移，穿过沉淀颗粒，使颗粒沿位错的滑移面被切成两半，并发生相对位移。③继续滑移，绕过颗粒，因而在颗粒周围留下一个位错环。④继续滑移，在颗粒周围发生交滑移，在颗粒周围形成多个位错环。以上结果都会形成大量位错，而且即使没有位错与析出相的相互运动，析出相本身的错配度大于 0.02 时，位错便不需要额外的能量也能自发萌生。例如，在半径 $R_p = 100nm$ 的析出相中塞入半径为 R_H 的空洞，在不同错配度（ε）下，位错萌生所需能量如图 1-9（潘金生，et al，2011）所示。

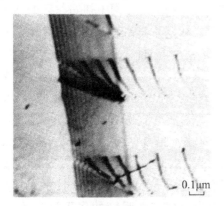
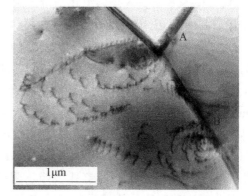

（a）晶界台阶　　　　　　　　（b）三叉结点

图 1-8　淬火的 Fe-18Cr-14Mn-0.6N 奥氏体钢放出位错的 TEM 图像

当温度较低时，变形主要由位错滑移引起，位错的增值机制主要有 Frank-Read（F-R）位错源的 U 型增值机制和多次交滑移增值机制。对于 F-R 源的增值机制，使位错启动所需的剪应力为 $\tau_{max} = T/(bL)$，当剪切应力 $\tau > \tau_{max}$ 时，位错启动，否则，位错处于平衡状态，不发生滑移（潘金生，et al，2011）。其中，T 为位错线上的张力；b 为柏氏矢量；L 为两极轴间距离的 1/2。由此可见，位错滑移所需的应力随固定端距离的增加而减小。因此，在由弥散强化为主要

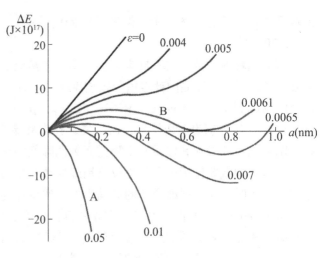

图 1-9　不同错配度下，100nm 尺寸析出相处萌发位错所需能量

机制的合金中，沉淀相阻碍位错的运动时，沉淀相之间的间距越小，位错滑移所需的应力越大（Poirier，1976）。减小析出相间的距离是提高材料蠕变性能的重要途径。

当温度足够高时，晶体内存在过饱和空位，刃型位错的攀移也会引起变形。此时，位错的增殖机制为 Bardeen-Herring 源的 U 型增殖机制。B-H 源开动所需的过饱和度为，

$$\ln\left(\frac{\bar{C}'_v}{\bar{C}_v}\right) = -\frac{\alpha GB\Omega}{rKT}$$ 其中，$\bar{C}'_v$ 为晶体中空位浓度；$\bar{C}$ 为无位错晶体中的平衡空位浓度；r 为位错的平衡半径；b 为柏氏矢量；G 为剪切模量；Ω 为一个原子的体积；T 为热力学温度；α、K 为常数（潘金生，et al，2011）。因此，温度越高，空位浓度越高，位错攀移就越容易进行。

1.3.3　析出相的粗化

$M_{23}C_6$ 型碳化物和 MX 型碳氮化物是传统 9%～12% Cr 耐热钢中初始状态的两种主要的析出相。其中 $M_{23}C_6$ 尺寸为 200～300nm，具有复杂立方点阵结构，点阵常数在 1.06～1.10nm 之间；形核初期，与奥氏体之间的位向关系（Hättestrand，et al，1998）为：$(001)_{M23C6}//[001]_\gamma$ 及 $[010]_{M23C6}//[010]_\gamma$。$M_{23}C_6$ 主要分布在原奥氏体晶界和板条束界面等大角度晶界上，对强化界面、阻碍界面迁移十分有效（Yan，et al，2013）。MX 尺寸在 30nm 以下，具有 NaCl 型面心立方点阵结构，点阵常数在 0.41～0.45nm 范围内，与奥氏体和铁素体之间的平行位向关系（Djebaili，et al，2009）为：$(001)_{M(C,N)}//(001)_\gamma$ 及 $[010]_{M(C,N)}//[010]_\gamma$ 和 $(001)_{M(C,N)}//(001)_\alpha$ 及 $[010]_{M(C,N)}//[110]_\alpha$。MX 主要在马氏体板条内的位错处析出，对钉扎位错、阻碍位错运动、回复和湮灭十分重要。其中复合型的翼状 MX 阻碍位错运动的能力最强，提高材料持久强度的作用最有效（Tanaka，et al，1997）。

高温下 $M_{23}C_6$ 型碳化物和 MX 型碳氮化物会发生 Ostwald 熟化而粗化，析出相粒子尺

寸增大（Taneike，et al，2004）。根据析出相与位错间相互作用的 Orowan 绕过机制，粒子所起的析出强化作用将逐渐减弱，阻碍界面迁移及位错运动的能力将被削弱，持久强度随之逐渐降低（Tanaka，et al，1997）。$M_{23}C_6$ 的粗化速率为 MX 的 10 倍（Hättestrand，et al，2001），因此，合理控制 $M_{23}C_6$ 的体积分数对抑制析出相粗化，降低界面运动，提高蠕变寿命有着至关重要的意义。

Wagner、Lifshits 和 Slyozov 及 Li 和 Oriani 处理了弥散系统的稳定性问题，Martin 概括地评述了这些处理方法（Poirier，1976），定性地阐明两个物理参数：粒子在基体中的溶解度与粒子 - 基体单位界面积的能量的主要作用。

实际上粒子的粗化意味着物质通过扩散由小晶粒向大晶粒转移。假定粒子为半径为 r 的球，由在基体 A 中的纯 B 组成。临近粒子表面，B 在 A 中的平衡浓度由 Gibbs-Thomson 方程（Poirier，1976）求得：

$$C = C_0 \exp\left(\frac{2\gamma\Omega}{rkT}\right) \tag{1-18}$$

其中，r 为球的直径；γ 为界面能；Ω 为 B 原子的体积；C_0 为界面为平面时界面附近的平衡浓度。可见小曲率半径（小粒子）界面附近的平衡浓度高于大曲率半径界面（大粒子）。

在两个半径分别为 r_1 和 r_2（$r_1 > r_2$）的粒子之间，存在一个 B 原子的浓度梯度（Poirier，1976）：

$$\mathrm{grad}C = \frac{C_2 - C_1}{l_V} = \frac{C_0}{l_V}\left[\exp\left(\frac{2\gamma\Omega}{r_2 kT}\right) - \exp\left(\frac{2\gamma\Omega}{r_1 kT}\right)\right] \tag{1-19}$$

其中，l_v 为两个粒子间的距离。因此，对于 B 的扩散流，则扩散量 $J = -D_B \mathrm{grad}C$。因此，J 随 C_0 和 γ 的提高而增大。

弥散相稳定的两个主要条件（Poirier，1976）：粒子在基体中的溶解度小；基体 - 粒子的界面能低（如共格界面）。因此，提高弥散相强化钢稳定性能的途径是在降低析出相在基体中溶解度积的同时，减小析出相尺寸，以获得较低的界面能。增加同种析出相之间的距离，以降低扩散引起的粗化速率。

1.3.4 基体固溶原子的消耗

耐热钢经长时的蠕变和时效后，通常会析出具有复杂六方点阵的 Laves 相（Fe_2W 和 Fe_2Mo）及 Z 相（Hättestrand，et al，1998）。Abe 和 Lee（Fujio Abe，et al，2013）等的研究结果表明，Laves 相析出在早期能起到明显的析出强化作用，但由于其长大（其粗化速率远远高于 $M_{23}C_6$ 的粗化速率）消耗了基体中的 W、Mo，从而降低了这些元素的固溶强化作用，并且蠕变孔洞往往在粗大的 Laves 相上形核，因此 Laves 相的形成对持久强度不利。同样，Z 相的析出需要消耗周边大量的 MX 相（Gustafson，et al，2002），且 Z 相的粗化速率也大大高于 MX 相（Chilukuru，et al，2009），从而引起持久强度随时间更快速的降低（Djebaili，et al，2009）。

Laves 相的晶格点阵常数为：$a = 0.474 \sim 0.484\mathrm{nm}$，$c = 0.772 \sim 0.789\mathrm{nm}$，$c/a = 1.63$，

它们与铁素体之间的位向关系为：$(0001)_L // (112)_\alpha$ 和 $[1\bar{1}00]_L // [11\bar{1}]_\alpha$。也有研究认为，Laves 相的晶格点阵常数为：$a = 0.474$nm，$c = 0.673$nm，与基体的位向关系为：$(110)_M // (01\bar{1}3)_L$ 和 $[1\bar{1}3]_M // [11\bar{2}1]_L$（Gustafson, et al, 2002）。图 1 - 10 为 9Cr - (1～4) W 钢中 Laves 相的等温析出（Temperature-Time-Precipitation，TTP）图（Nabarro, 2002），Laves 相析出最快的温度在图中 C 曲线的鼻尖部，约 650℃，这与 9Cr-2Mo 钢中的研究结果十分相近。Z 相是 9%～12% Cr 钢中最为

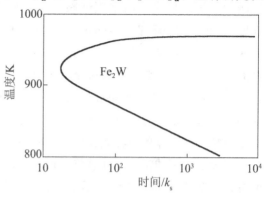

图 1 - 10　9Cr - W 钢中 Laves 相的 TTP 图

稳定的氮化物，Z 相 Cr（V，Nb）N 与 MX 相（V，Nb）N 在化学成分上的最大差异就是 Cr 元素。9%～12% Cr 钢中主要存在两种类型的 Z 相（Hättestrand, et al, 2001）：一种具有正交点阵，点阵常数为：$a = 0.286$nm，$c = 0.739$nm；另一种具有面心立方点阵，点阵常数为 $a = 0.405$nm。其 TTP 图如图 1 - 11 所示，Z 相的最快析出温度均在 C 曲线鼻尖部的 650℃，析出时间随着钢中含 Cr 量的增加而减小（Hättestrand, et al, 1998）。

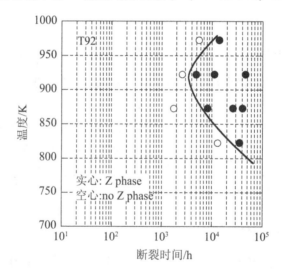

图 1 - 11　P92 钢中 Z 相的 TTP 图

1.3.5　空洞的不断产生及长大

高温蠕变发生沿晶断裂时，蠕变裂纹的产生有两种形式，即高应力下短时断裂和低应力下长时断裂。前者是由于三叉晶界处形成孔洞导致，后者是由于 90°晶界上形成空洞导致，如图 1 - 12 所示。

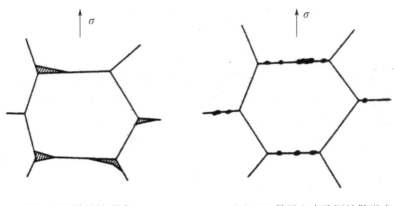

（a）三叉晶界处形成　　　　　（b）90°晶界上由孔洞扩散形成

图 1 - 12　蠕变裂纹的形成

一般情况下，最关注第二种裂纹的产生。这种裂纹形成主要有四个阶段，分别为孔洞形核阶段、孔洞生长阶段、孔洞链及微裂纹形成阶段、宏观裂纹及断裂阶段，如图 1 - 13 所示。微孔的产生可能有两种情况，一是晶界上由氢、二氧化碳、甲烷及水汽等气泡成为微孔核心，其继续长大，导致裂纹产生；另一种是晶界在外力作用下发生微孔萌生，即先在应力下形成空位，然后空位凝聚形成大小不同的微孔。微孔形成速度 J 与温度及应力有关：$J \propto \exp\left(-\dfrac{\Delta F}{KT}\right)$，其中 ΔF 为临界尺寸的微孔自由能 $\Delta F = \dfrac{16\pi r^3}{3\sigma^2}$，$\gamma$ 为微孔表面能，σ 为外应力，K 为玻尔兹曼常数，T 为绝对温度。

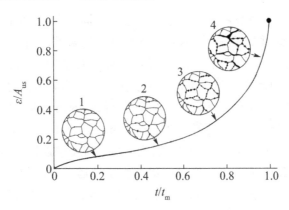

图 1 - 13　蠕变空洞形成及演变为裂纹过程示意图

而微孔长大是原子的扩散过程，即微孔表面的原子向晶界扩散，然后沿晶界继续扩散，如图 1 - 14（潘金生，et al, 2011）所示。所以沿晶断裂的微孔长大受控于两个扩散过程中最慢的一个。当晶界扩散小于微孔表面积扩散时，微孔长成圆形，称为平衡状

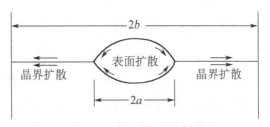

图 1 - 14　微孔扩散长大示意图

态。Speight and Beere 提出的微孔长大速度表达式（潘金生，et al, 2011）为

$$\frac{\mathrm{d}a}{\mathrm{d}t} = \frac{D_{\mathrm{g}}\Omega\sigma}{a^2 KT} \qquad (1-20)$$

其中，D_{g} 为晶界扩散系数；Ω 为原子体积；σ 为应力；a 为微孔半径；K 为玻尔兹曼常数；T 为绝对温度。而当微孔表面扩散速度小于晶界扩散速度时，微孔长大受控于表面扩散。此时，微孔长大成类似于裂纹的形状，为非平衡状态。Chuang and Riee 提出如下的表达式（Rodriguez, et al, 1993）：

$$\frac{\mathrm{d}a}{\mathrm{d}t} = \frac{D_{\mathrm{s}}\Omega\sigma^3}{2KT\gamma_{\mathrm{s}}^2} \qquad (1-21)$$

其中，D_{s} 为微孔的表面扩散系数；γ_{s} 为微孔表面积。

1.3.6 环境因素引起的损伤

环境因素引起的损伤主要指材料在高温服役过程中发生表面氧化，形成致密的保护性氧化膜。材料在高温高压的恶劣环境下长期服役，氧化层会逐渐增厚，时间增长还会发生氧化皮脱落，导致有效承载面积减小，蠕变速率加快（Charit, et al, 2008）。在材料的高温氧化过程中，除了形成表面氧化物以外，氧可能溶解并扩散进入材料内部，与材料中较活泼的组元发生反应而形成颗粒状氧化物沉积在材料内部，降低材料晶界处的韧性，发生沿晶断裂（Langdon, 2002）。

1.4 提高高铬马氏体耐热钢组织稳定性的措施

金属材料在高温下的强化机理与室温下有很大不同。室温时晶界是位错运动的障碍，细化晶粒是室温强化的重要手段（Kassner, 1993）。高温下，晶界成为材料的薄弱环节，晶界强度大幅度降低，为了保证优良的高温强度，必须对晶界进行强化（Rodriguez, et al, 1993）。在室温塑性变形时，位错很难发生攀移，由攀移产生的变形很小，因此变形不容易进行。而在长时间高温作用下，因原子热振动振幅增大，原子间结合力下降，导致由位错的攀移引起的变形容易进行（潘金生，et al, 2011）。因此，从根本上提高材料的高温强度，不仅需要提高常温下的位错密度，而且需要增强材料在高温时的原子间结合力，使位错运动的晶格阻力增大，增加位错发生攀移运动所需的扩散激活能的复合强化（Nagode, et al, 2011）。室温时，可以通过各种不平衡组织来强化金属，但长时间高温作用下这些组织向平衡组织转化较快，使力学性能发生明显变化。因此，提高耐热钢的高温强度主要途径有马氏体位错强化、晶界强化、固溶强化和沉淀强化四个方面。

1.4.1 马氏体单相组织强化

马氏体板条中含有大量高密度位错，同时板条界、马氏体块界小角度晶界及原奥氏体大角度晶界的存在大大增加了位错产生的位置（Daniel, et al, 1993）。在高温条件下，它们可延缓位错密度降低的速率，保证一定的高温强度（Daniel, et al, 1993）。因此，获得位错密度较高的单相马氏体是保证高温强度，同时降低蠕变速率的重要途径。

在回火状态下，马氏体组织中含有较高的位错密度，较高的自由位错密度导致钢具有

较高的初始瞬态蠕变速率（Kassner，et al，2000）。随着蠕变过程的进行，第一蠕变阶段时的蠕变速率急剧下降，一方面主要是由位错密度下降引起（Langdon，2000），另一方面部分归因于碳化物稳定下的亚晶界、位错的交织效应引起的对蠕变变形的阻滞作用（Charit，et al，2008）。位错由于彼此之间的作用，以及和固溶原子、析出相、亚晶之间的相互作用，使基体强化（Kostka，et al，2007）。除了位错之间的缠结以构成位错网和位错之间的相互作用强化外，位错的强化机理在于位错本身受到其他微观结构的相互作用而产生（Kassner，et al，2007）。

随着蠕变变形过程的进行，由于其他微观结构的相互缠结和稳定作用，位错的密度继续下降，直到达到最小蠕变速率的稳态阶段。此时，位错泯灭及产生的速度达到动态平衡。位错密度也达到一个稳定值（崔忠析，2003）。对于 12Cr 马氏体钢，Eggeler 发现，在 650℃/80MPa 条件下，其初始阶段的位错密度约为 $6 \times 10^{13} \text{m}^{-2}$，而在稳态阶段变形大约为 1% 应变时约为初始阶段的 1/6。同时，蠕变过程中由于位错缠结而形成的位错交织效应也能从某种程度上强化局部区域，限制蠕变变形。

合金元素中，Co、Ni、Mn、Cu 是 9%～12%Cr 钢中常添加的奥氏体稳定化元素，其中以 Cu 稳定奥氏体、抑制高温 δ-铁素体形成的能力最强，其次依次是 Ni、Co、Mn（Hong，et al，2003）。因此，通过合理的合金化，可在高温时获得单一奥氏体组织，继而获得室温下的单一马氏体组织，保证位错强化效果。

1.4.2 晶界强化

多晶体中晶界的存在影响钢的高温蠕变过程。而多晶体蠕变由晶内滑移与晶界滑动组成，两部分所占比例与温度及蠕变速度有关（Poirier，1976）。低温时晶界阻碍晶粒内部的滑移，晶界比晶粒内部强，金属的强度随晶粒尺寸的减小而增大，蠕变速率，即晶粒越细小，蠕变速率越慢。而在高温时，晶界变弱，晶界的变形会增加钢的蠕变变形（Kassner，1993）。高温低速蠕变（$T > 0.5 T_m$ 时材料便发生蠕变）时，晶界蠕变占 30%～40%。晶界蠕变是由晶界滑动引起的。可能是晶界自身滑动，也可能是晶界附近晶粒表层同时滑动。在较高温度下的蠕变，蠕变速率 $\dot{\varepsilon} \propto 1/d$，蠕变速率随晶粒的粗化而降低。即高温蠕变时扩散起支配作用（Poirier，1976）。而晶界扩散速度明显大于晶内扩散速度，所以晶粒尺寸对蠕变速率的影响各异。晶内扩散蠕变时，$\dot{\varepsilon} \propto 1/d^2$；晶界扩散蠕变时，$\dot{\varepsilon} \propto 1/d^3$。一些研究指出，晶界滑动能力与晶界位向及结构有关。在小角晶界范围内，位向角越大，晶界滑动越容易进行。在大角度晶界范围内（$\theta = 56.6°$，$\sum = 9$ 区域附近），出现晶界滑动的最低点。因此，高温时晶界的变形是决定蠕变过程的重要因素（潘金生，et al，2011）。

另外，晶界处存在的大量空位和缺陷，析出相倾向于在晶界处形核且快速长大后聚集在一起，加速蠕变裂纹的形成。因此，对晶界的强化主要包括三方面：一是净化晶界，去除 Pb、As、Bi、Sn、Sb、SP 等杂质元素；二是易偏聚在晶界，或能在晶界生成低熔点共晶的元素（张俊善，2007）；三是增加晶界的黏度，降低晶界能量，降低晶界扩散，从而提高蠕变抗力。大量实验表明，提高晶界黏度，可以显著提高晶界的稳定性（张俊善，

2007），如加入晶界细化元素 B（小原子）或 Zr（大原子）以填充晶界处空位并降低晶界扩散率；或者通过增加晶界处析出相提高晶界黏度，例如在晶界处形成碳化物以降低晶界滑移速率（Kostka, et al, 2007）。但是如上节提出的，析出相的加入同时也会增加裂纹形核的位置。因此，在采用析出相强化晶界的方案时，需控制析出相的最佳尺寸以及析出相的间距。也有大量学者提出，通过制备锯齿型晶界来降低晶界黏度（Viswanathan, et al, 2001），但很难实现，目前实验效果不显著。

另一种通过制备柱状晶组织或单晶来提高晶界稳定性的方法已经获得很大成功。如图 1-15 所示，该方法不仅提高了蠕变性能，同时也提高了耐热钢的高温抗疲劳性能。传统等轴多晶结构材料，晶界滑移速率 $\dot{\varepsilon} \propto 1/d$，与晶粒尺寸成反比，易产生沿晶损伤和断裂（潘金生, et al, 2011）。而理想的柱状晶结构，没有晶界滑移，没有扩散蠕变，因此不会发生沿晶断裂（Roth, 2013）。实际制备的柱状结构材料，如果晶粒长宽比较小，则晶界滑动距离很短，但较多晶界发生滑动。失效形式基本为沿晶断裂。如果晶粒长宽比较大，则晶界滑动距离较长，但较

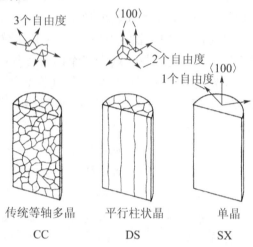

图 1-15　多晶、柱状晶及单晶示意图

小的晶界发生滑动，沿晶损伤较少。而单晶结构材料不存在晶界滑动，无扩散蠕变产生，不会发生沿晶损伤（Roth, 2013）。

1.4.3　固溶强化

金属或合金的原子间结合力与晶格类型有关。对于铁基合金而言，高温下面心立方晶格的原子间结合力较强，体心立方较弱。因此，奥氏体基体比铁素体基体持久强度高（赵钦新, et al, 2010）。但对于选定的马氏体基体，可以通过固溶强化提高原子间结合力，从而提高蠕变强度。

一般固溶强化元素主要通过影响固溶体原子键引力、晶格畸变、再结晶温度和扩散过程等方面来强化合金固溶体（Coleman, et al, 2004）。其中，增强固溶体原子键引力是提高固溶体耐热性的主要因素。决定原子键引力的主要因素是金属原子参加成键的电子数目。成键电子数目越多，则原子键越强；反之越弱（赵钦新, et al, 2010）。有资料表明，向铁素体中加入 Cr、Mo、W、Mn、Nb 等元素能增加其原子键引力，加入 Ni、V 则相反，加入 Co 虽有益，但效果不明显（赵钦新, et al, 2010）。固溶体晶格畸变程度与溶入铁素体中的合金元素的原子半径密切相关。合金原子半径与铁原子半径相差越大，固溶体的晶格畸变和应力场越大（Miyata, et al, 2001）。溶质原子在位错附近形成的柯氏气团越大，位错运动阻力越大，蠕变抗力越大（潘金生, et al, 2011）。对于 9Cr 马氏体耐热钢，Cr、Mo、W、Nb 的原子半径依次增加，引起的点阵畸变依次增加。加入能够提高再结晶温度

和延缓再结晶过程进行的合金元素，对固溶体的强化效果也有较大的作用，如表 1 - 2（赵钦新，et al，2010）所示。合金元素提高回复和再结晶温度的能力按如下顺序依次增加：Co、Ni、Si、Mn、Cr、Mo。合金元素增强铁基合金的蠕变强度的顺序与之相同（Hara，et al，1997）。

表 1 - 2　合金元素的加入对工业纯铁再结晶温度的影响

合金成分（工业纯铁）	Fe + 0.5% Co	Fe + 0.5% Ni	Fe + 0.5% Si	Fe + 0.5% Mn	Fe + 0.5% Cr	Fe + 0.5% Mo
再结晶温度/℃（工业纯铁）	450	500	570	570	650	670

在固溶体中，加入提高铁原子自扩散激活能的元素，可以有效阻碍其他合金元素和间隙元素在固溶体中的扩散，提高固溶体在高温长期运行中的稳定性。实验表明，Cr、Mo、W、Nb 等元素因提高扩散激活能，而使固溶体的扩散速度降低，提高蠕变抗力（Helis，et al，2009）。

一般认为，凡能有效增强固溶体原子键引力、提高固溶体再结晶温度、使晶格强烈畸变，以及提高扩散激活能的合金元素，对提高固溶体热强性有良好的作用（Liu，et al，1989）。判断合金元素对热强性的影响不能单独以其中某一个因素来决定，而必须考虑上述因素的综合作用。

对于高铬马氏体耐热钢，Cr 是最基本的元素之一，可提高材料高温下的抗氧化腐蚀性能，其质量分数在 2%、9%～12% 时的耐热钢的持久强度有极大值（Hagen，et al，2010）。Abe（Liu，et al，1989）等的进一步研究结果指出，9%～12% 钢中 Cr 含量选择在 10% 和 11.5% 时的持久性能最优异，加入 9% Cr 可使耐热钢的最高使用温度达到 625℃。

由于 W 的原子摩尔质量约是 Mo 的两倍，常用 $w(Mo_e) = w(Mo) + 0.5w(W)$（质量分数）来综合表征钢中 W、Mo 的固溶强化效应。增加 Mo 含量、增加 W 含量、以 W 替代 Mo、降 Mo 增 W 等都可以通过固溶强化作用来有效地提高耐热钢的抗蠕变性能（Miyata，et al，2001）。Kazuhiro 等认为，在碳素钢中加入质量分数为 0.01% 的 Mo，其固溶强化效果可使蠕变断裂寿命增加 10 多倍。原因是 Mo 原子和 C 原子形成的 Mo—C 原子对的强化效果，而 Mo 原子单独的固溶强化效果在其含量 0.03% 时已达到饱和（Toda，et al，2003）。Baird 等也指出，C、N 间隙固溶原子添加到纯铁中能提供一定的蠕变强化效果，当没有 C、N 原子而只有 Mn、Mo、Cr 等置换固溶原子时，可以使材料的蠕变强度有中等强度的提高，然而当置换固溶原子和间隙固溶原子共同存在时，可以使材料的蠕变强度有质的飞跃（Sawada，et al，2004）。

因此，对于马氏体耐热钢，增强其固溶强化的措施主要体现在合理配置以上可以提高热强性的 Co、Cr、Mo、W、Nb 等元素含量的同时，加强 Mn—C、Mo—C 等原子对的固溶强化作用（Abe，et al，2007）。

1.4.4 析出相强化

固溶强化阻碍位错运动是不稳定的，因为固溶原子在位错周围形成的气团只能阻碍位错的滑移，而不能阻碍位错攀移，且其作用在 $0.6T_m$ 以上温度就显著减弱（Abe, et al, 1991），因而其强化效果有限。但析出相可以锁固位错的攀移，使钢的热强性提高。研究表明，沉淀强化作用可维持到 $0.65T_m$，甚至到 $0.7T_m$ 的温度（Tanaka, et al, 1997）。因此，固溶体中沉淀相强化是提高钢的热强性的最有效途径之一。

第二相的沉淀强化作用和沉淀相的类型、大小、形状及高温稳定性有关。高铬马氏体耐热钢中沉淀相主要是 $M_{23}C_6$ 和 MX 两种类型的析出相。$M_{23}C_6$ 在 540℃左右非常不稳定，长期运行中容易聚集。MX 则相对稳定，其稳定性高于碳化物。析出相的稳定性顺序如下：Nb（C，N）、V（C，N）、V_4C_3、$M_{23}C_6$、M_7C_3、M_3C 依次降低（Yan, et al, 2013）。根据以上规律，应适当增加粗化速率小的析出相的体积分数，降低粗化速率大的析出相的含量。

析出相的尺寸、数量及其弥散程度对沉淀强化作用也有明显影响。一般认为，当析出相以弥散细小的颗粒形态均匀分布在基体上时，沉淀强化效果最显著。另外沉淀相的形状影响位错运动的阻力，因而影响强化效果。Hamada 等（Tokuno, et al, 1991）研究了 T91 钢中 MX 析出相的形状，认为由 VN 二次析出在 Nb（C，N）周围而形成了翼形复合析出物，如图 1-16 所示，因为具有特殊形状，其在高温变形时会强烈抑制位错的移动，即使位错绕过球形的 Nb（C，N）析出相，也会在两侧的翼状物凹部被截获，从而产生明显的强化效果。沉淀相的析出位置也影响钢的耐热性。晶界处的析出相相对于晶内析出相，由于其粗化速率较高而不利于持久强度的提高。因此，在改善析出相的尺寸、含量及分布的基础上，可以适当地改变析出相的形状，或形成复合粒子，可以大大降低蠕变速率。

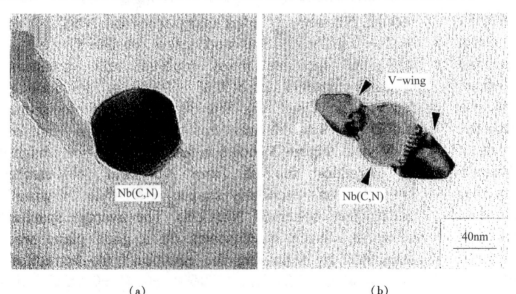

     （a）   （b）

图 1-16 P91 钢中粒状 Nb（C，N）和翼状（Nb，V）（C，N）的典型形貌

合金元素 V 除了在回火以 Nb（C，N）为核心，形成翼状复合析出相，提高持久强度外，在长时间高温蠕变过程中也会置换到 $M_{23}C_6$ 中，形成多元混合相（Cr，Fe，V$)_{23}$(C，N$)_6$。V 的存在抑制 Cr、Mo、W 等合金元素进一步向 $M_{23}C_6$ 型碳化物聚集，延缓长期高温服役期间 $M_{23}C_6$ 型碳化物的长大。

1.5　本书的研究目的及主要研究内容

本书以目前超临界火电机组实际使用的耐热钢中抗蠕变性能优异的 P91、P92、P122、CLAM 等耐热钢的化学成分为基础，并根据国内现有资源，进行低碳氮化物强化马氏体耐热钢的成分优化设计，通过提高组织高温稳定性的方法增强材料的热强性。在降低合金元素含量的同时，提高材料的抗蠕变性能，尤其是提高较高温度下材料的断裂时间，以降低材料中使用过程中危险的发生几率，增强材料的安全性。

研究旨在通过热变形及后续热处理对氮化物强化马氏体耐热钢进行组织调控，获得含有多尺度复合强化相的热稳定性较高的单一马氏体组织。通过热变形及后续热处理获得高位错密度的稳定的小角度晶界，以及稳定晶界、亚晶界及板条界的 200nm 左右的析出相和板条内 50nm 以下弥散强化的析出相。通过两种变形调控来提高新型氮化物强化马氏体耐热钢的高温及室温的组织稳定性。

2 多尺度析出相强化马氏体耐热钢的设计

2.1 引言

在过去几十年中，全球争相发展绿色能源，由此电力能源的发展出现了两个重大变化：一是超临界发电机组技术的发展，以提高发电效率及降低 CO_2 排放为目的。该项技术需要较高的蒸汽参数，如蒸汽压力、蒸汽温度等。而这些参数的提高受限于超临界机组的使用材料。因此，9%～12% Cr 马氏体耐热钢，如 T/P91 及 T/P92 等的研发，达到了对苛刻条件下的使用要求。二是发展洁净核聚变能源，未来核聚变能的开发需要更先进及安全的材料。由于具备优异的抗肿胀性能，尤其是其低活化性能，9%～12% Cr 马氏体耐热钢被认为是第一壁首选结构材料。核用耐热钢因为有低活化特性要求，因此需要对常规耐热钢进行成分调整，如用 W 代替 Mo、Ta 代替 Nb 等，去除钢中的活化元素。目前国际上在 T/P92 钢基础上研发的低活化钢主要有美国的 9Cr2WVTa 钢、欧洲的 Eurofer97 钢、日本的 F82H 钢，以及中国的 CLAM 钢等。尽管在成分上存在一些小的差异，这些钢种的组织均为回火马氏体，强化机制主要为第二相粒子的弥散强化，但在长时高温条件下均显示出组织的不稳定性。

耐热钢的蠕变强度并不简单地随合金元素，如 Mo、W 等含量的升高而提高。Kimura（Kimura, et al, 2010）和他的团队分析了 40 多种耐热钢与合金的蠕变断裂时间，他们认为，高合金钢在短时蠕变表现出较高的蠕变强度，但在蠕变寿命的中应力区，蠕变强度快速降低，如图 2-1 所示。尽管合金元素、初始组织以及短时蠕变强度不同，所有马氏体耐热钢在长时低应力区均显示出相同水平的蠕变强度，如图 2-2 所示，基础蠕变强度是相同的。蠕变强度曲线随蠕变时间的变化

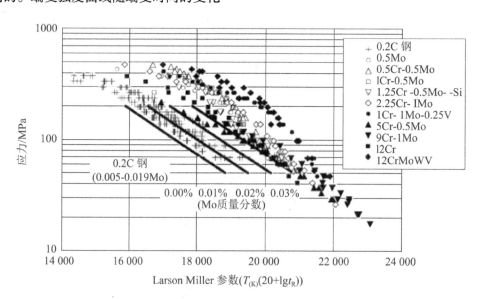

图 2-1 马氏体耐热钢的蠕变强度

呈 S 形，如果按短时蠕变强度的数据推测长时蠕变强度，则估测值会过高，因为在中应力区蠕变强度发生快速降低。即蠕变断裂时间会比预测值短 10 000h，如图 2 - 2 虚线所示。而影响中应力区蠕变强度降低的原因是组织稳定性。因此组织稳定性越高，即组织演变速率越低，长时蠕变强度越高。

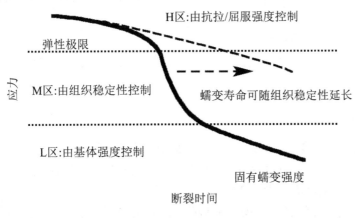

图 2 - 2　蠕变强度机制示意图

　　因此，在以上理论及文献基础上，这里研究了几种常用高铬马氏体耐热钢的蠕变行为，通过总结这几种钢的失效方式及原因，发现含多种尺度析出相的马氏体组织，热稳定性较高，可以在较高温度下（如 650℃）维持较高的蠕变强度。同时发现，析出相的粗化速率强烈影响组织的高温稳定性。因此，在以上实验结果的基础上，提出了一种热稳定性较高的多尺度碳氮化物强化马氏体耐热钢的组织模型。

2.1.1　实验材料

　　通过降 C，去 Mo、B、Ni 的设计思路，设计一种新型的组织稳定性较高的氮化物强化（NS）马氏体耐热钢，以适应对高性能耐热钢结构材料的需求。该合金化方案的设计主要考虑以下几个方面：

　　（1）Cr 含量的选择，需保证最佳的蠕变强度及良好的抗氧化性能，同时保证 Cr 当量不形成 δ - 铁素体，以及在长期时效/蠕变过程中不形成大量的 Z 相。因此，Cr 含量取 9% 左右。

　　（2）Mo 形成的 Laves 相，粗化速率较高。由于 W 与 Mo 性能相似，但其形成的 Laves 相粗化速率较低，固溶强化效果较为显著。因此，在设计的 NS 钢中，Mo 的含量降低为零。

　　（3）由于设计的钢中，MX 型析出相为碳氮化物，而且 N 相对含量较高。因此，为了防止 BN 脆性相的形成，降低碳氮化物的体积分数，本设计中去除了 B 元素。

　　（4）Co 可以降低基体扩散系数，被认为作为 B 的补充元素来抑制 $M_{23}C_6$ 的粗化；同时它还可以增强原子间结合力，增强固溶强化作用。而且 Co 含量的增加，在提高 $\delta \rightarrow \gamma$ 转变温度的同时，也提高 $\alpha \rightarrow \gamma$ 的转变温度，只是提高 $\delta \rightarrow \gamma$ 转变温度较快，而扩大奥氏体区。即 Co 的添加不会导致 A_{c1} 的提高，保证了在较高温度服役的组织稳定性。综合考虑其经济成本，本设计中，Co 的质量分数为 1.5%。NS 钢的设计成分如表 2 - 1 所示。

表 2 - 1 实验钢的化学成分

钢	质量分数/%											
	C	Si	Cr	Mn	S	P	W	B	V	Nb	O	+ N
P92	0.11	0.37	8.77	0.46	0.005	0.019	1.73	28×10^{-4}	0.17	0.057	0.005	0.048
CLAM	0.094	0.05	8.97	0.49	0.003	0.005	1.51	7×10^{-4}	0.16	—	0.0040	0.010
9Cr	0.089	0.31	8.58	0.50	0.003	0.0023	1.65	22×10^{-4}	0.18	0.060	0.0006	0.040
NS	<0.02	<0.05	9.0 ~ 9.5	0.8 ~ 1.2	<0.003	<0.003	1.5	—	0.15 ~ 0.2	0.06 ~ 0.07	<20×10^{-4}	0.03 ~ 0.05

2.1.2 实验方法

2.1.2.1 持久性能测试

持久性能测试参照 GB/T 2039—1997《金属高温拉伸蠕变及持久试验方法》，将材料按图 2 - 3 所示尺寸规格加工成持久性能测试试样，在 GWT304 高温蠕变持久试验机上进行恒应力试验，试验温度固定为 600℃。

持久试样的透射电镜观察，如图 2 - 4 所示，分别在图示的三个位置取样，加持部分无应力变形，为等温条件下的时效组织；均匀塑性变形部分的组织为试样达到稳态时的组织形态；断口处（颈缩处）的组织为失效后的组织形态。

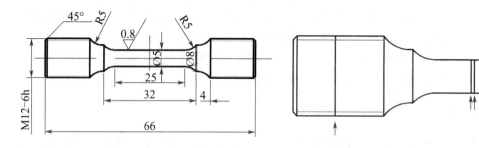

图 2-3 持久试样尺寸（mm）　　　　图 2-4 持久拉伸试样 TEM 观察取样位置示意图

2.1.2.2 组织观察

试样依次在 400 ～ 2000# 的砂纸上进行机械研磨并抛光后，采用维乐试剂（1g 苦味酸 + 5mL 盐酸 + 100mL 无水乙醇）或饱和苦味酸腐刻样品抛光面。在 Leica 公司生产的 MEF4A 型数码金相显微镜上进行组织观察。

在 S - 3400 型扫描电镜上对试样进行组织观察。由于透射电镜明场像是捕捉的透射电子束，因此，试样厚度需要非常小。一般首先采用线切割得到厚度为 0.3mm 的薄片试样，然后将该试样手工机械研磨至 0.05mm，最后采用双喷电解抛光法进行减薄。电解液为：10% 高氯酸 + 90% 冰乙酸混合溶液，电解抛光时的主要控制参数为：温度 10 ～ 15℃，电压 28 ～ 30V。在 Phillips TECNAI20 透射电镜上进行观察，工作电压为 200kV（电压越高，发射的电子波越小，电镜分辨率越高）。采用双倾磁性样品台，其 α、β 角转动范围均为 ±30°。

2.1.3 实验结果及分析

2.1.3.1 单尺度碳氮化物强化马氏体耐热钢的组织稳定性

时效过程是研究试样在单一因素——温度随时间的变化。Cerjak 等（胡平，2011；Milović，et al，2013）通过实验总结了析出相及板条在 600℃ 及 650℃ 下随时间变化的演变规律，他们认为，与蠕变相比，时效过程中组织稳定性的降低速率，即马氏体板条粗化和亚晶化速率及析出相粗化速率较低。且在时效过程中，$M_{23}C_6$ 和 MX 的尺寸即使在 600℃ 下长达 33 410h 时效也基本不变，析出相的变化主要涉及 Laves 相的析出及长大。而 Ghassemi-Armaki（Prat，et al，2013）则认为，在 650℃ 下 10 000h 以内 Laves 相析出的数量较小，而在时效时间大于 1000h 后，会由于板条界上的 $M_{23}C_6$ 发生明显粗化，引起板条的宽

化。Sawada 等（K，et al，2000）甚至还发现，当时效温度升高至 750℃ 时，即使热稳定性远高于 $M_{23}C_6$ 的 MX，也会在短短的 6000h 内，从 25nm 增长到 75nm，且时效温度的升高会加快 MX 的粗化。

单尺度碳氮化物强化马氏体耐热钢是指组织中除了非常少量的粗大 $M_{23}C_6$ 粒子（对性能几乎没有影响）外，其他析出相非常细小，尺寸在 30nm 以下（Zhang，et al，2011）。本书中的单尺度 MX 析出相耐热钢在 600℃ 时效时，组织稳定性较高，即使时效 7000h 后，组织依然没有明显粗化，如图 2-5 所示。

图 2-5 NS 钢经 600℃ 时效 7000h 的组织

但在 650℃ 时效 500h 后，组织中开始发生再结晶，如图 2-6 所示。再结晶的发生，本质上是晶界的滑移，使再结晶晶粒不断长大。尽管组织中存在大量尺寸在 100nm 左右的析出相，但其阻碍晶界运动的能力有限。晶界很容易绕过粒子，快速向外扩展，原位置处的晶界消失，组织失稳，晶界移动迅速，最终导致再结晶的发生并长大。即析出相尺寸较小时，无法有效钉扎（亚）晶界的运动，对稳定亚结构作用有限。因此，在保证一定数量的可以有效钉扎位错运动的小尺寸析出相外，需要形成一定数量的大尺寸颗粒来稳定晶界。

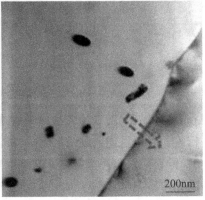

图 2-6 NS 钢在 650℃ 时效 1000h 后组织形貌图

2.1.3.2 常用高铬耐热钢在高温长时间条件下组织稳定性降低

9%～12%Cr耐热钢的理想组织为单一马氏体组织。初始阶段的回火马氏体具有优良的强度及韧性综合性能，而单一马氏体相是获得高蠕变强度的前提。另外，回火马氏体能充分实现亚晶强化作用。

正火马氏体板条在回火过程中，板条界以肿胀及迁移形式粗化，同时较小的板条缩小甚至消失，最后得到较为粗大的板条。尽管有人认为板条粗化只发生在正火马氏体中，而回火马氏体在时效过程中不会发生板条粗化。他们认为，板条马氏体的粗化动力是马氏体转变，或蠕变过程中导致的应变积累。同时，前期实验结果发现，10Cr钢板条宽度随蠕变时间增长发生粗化，如图2-7所示。而板条界上的细小析出相阻碍板条界的迁移（胡平，2011）。

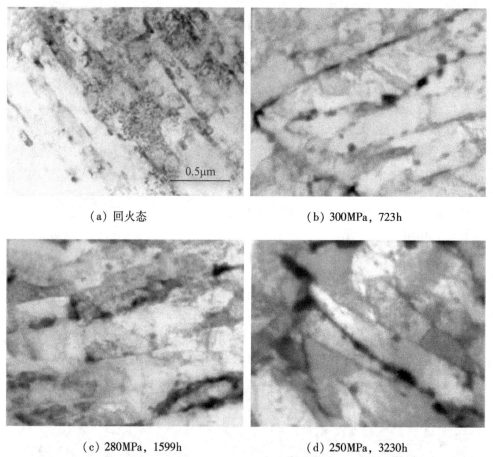

（a）回火态　　　　　　　　　　（b）300MPa，723h

（c）280MPa，1599h　　　　　　　（d）250MPa，3230h

图2-7　10Cr钢在600℃不同蠕变条件下的TEM组织图

CLAM钢在600℃、130MPa以下蠕变过程中，表现出非常优异的抗蠕变性能。对蠕变试样进行组织观察发现，颈缩区为均匀的多边形亚晶组织，如图2-8b所示（Yan, et al, 2013）。而同时对回火态试样分别在600℃、650℃时效的组织观察发现，600℃时效5000h的试样组织依然为板条状，而650℃时效3000h的组织呈现亚晶结构。说明亚结构的形成不仅与温度有关，同时也受应力影响显著，即温度的升高及应力的施加均会促进亚结构的形成。

亚晶强化对耐热钢长时蠕变性能有至关重要的影响。但有学者指出，失稳失效往往与亚晶的粗化及失稳相关。有研究表明，亚晶的粗化伴随着亚晶内位错密度的降低，进而引起试样硬度的急剧降低，最终导致蠕变的快速进行直至断裂。而亚晶的粗化是由亚晶界移动导致的。Maruyama 等（K, et al, 2000）认为，当亚晶界上按一定间距分布着析出相时，尤其是 $M_{23}C_6$，亚晶界的移动速度明显下降，亚晶粗化速率降低。Aghajami 等（R, et al, 2006）也提出了相同的观点，他们认为亚晶界稳定性的提高与 $M_{23}C_6$ 的尺寸及分布有关。

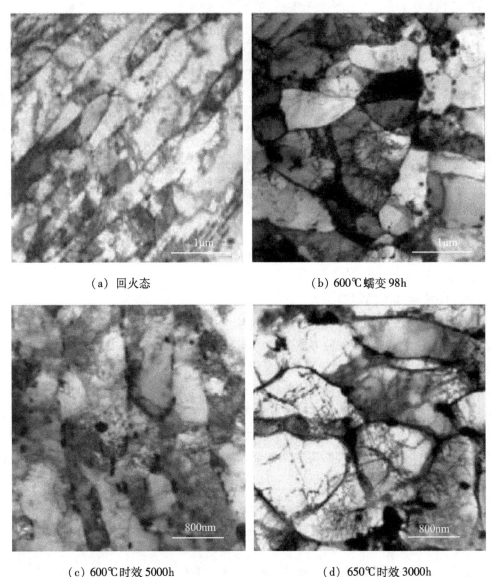

（a）回火态 （b）600℃蠕变98h

（c）600℃时效5000h （d）650℃时效3000h

图 2－8 CLAM 钢中亚晶的形成

9%～12%Cr 钢在长时效过程中的新相形成主要涉及 Laves 相（Fe_2W/Fe_2Mo）和 Z相。第 1 章已介绍了两种相的组成与位向关系等。由于 W、Mo 等元素易于在晶界偏聚，同时晶界缺陷较多，利于 Laves 相的形核。另外，$M_{23}C_6$ 粒子也是 Laves 相非均质形核的位置，因此 Laves 相中除了 Fe、W、Mo 等原子外，往往含有 Cr 元素，且随时效时间的延长，Cr 含量逐渐增加。由于 Laves 相的析出消耗基体中的 W、Mo 固溶原子，降低材料的固溶强化作用；同时，大于 130nm 的 Laves 相颗粒容易诱发断裂由韧性向脆性转变。另外，Laves 相的形态为垂直于晶界向某一晶粒内生长的块状体，导致裂纹的萌生。如图 2-9 所示（胡平，2011）。

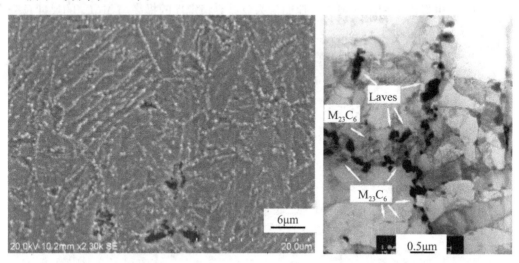

（a）SEM 形貌　　　　　　（b）TEM 形貌

图 2-9　P92 钢中由 Laves 相粗化引起的空洞及晶界上的 Laves 相

2.1.3.3　弥散强化耐热钢的蠕变

弥散相合金蠕变的一般特点为（Poirier，1976）：①首先，蠕变速度比相同条件下无弥散相的合金小得多。②当外应力不很大，蠕变速度和应力的关系可以表示成幂函数 $\dot{\varepsilon} \propto \sigma^n$ 时，指数 n 总是大于纯金属的，其数量级一般为 7 或 8，有时可达到 40。③蠕变激活能常常很高。对于超合金，接近于纯金属的 2 倍。④常常存在很稳定的位错亚结构，其形式为由粒子或沉淀物钉扎的位错缠结或亚晶界。这种亚结构可以在制备过程中形成，也可以在蠕变过程中产生。亚结构的尺寸与外应力无关，而与粒子的间隙有关。⑤蠕变速度取决于粒子间的平均距离，且随距离的增加而增大。因此，蠕变强度取决于弥散相的稳定性。在恒定的体积分数下，高温下保持可以使弥散相粗化（Ostwald 生长），生长过程中大粒子吞噬小粒子，粒子间的平均距离增加。

低应力条件下蠕变：应力大于基体的 Frank-Read 源的激活应力 $\sigma_1 = \dfrac{\mu b}{L}$，其中 L 是位错源的长度。而小于位错穿越粒子线的 Orowan 临界应力（张俊善，2007）$\sigma_2 = \dfrac{\mu b}{\lambda}$，其中 λ 是滑移面上粒子的平均间隔。即应力范围限定在 $\dfrac{\mu b}{L} < \sigma < \dfrac{\mu b}{\lambda}$，此时，位错攀移主要以攀移方式绕过粒子，如图 2-10 所示，此时攀移速度为：

$$V_{\mathrm{m}} = \frac{D\sigma b^3}{l_{\mathrm{d}}kT} \tag{2-1}$$

其中，l_{d} 为扩散问题的特征长度，此处取 $l_{\mathrm{d}} = b$。则稳态最小蠕变速率：

$$\dot{\varepsilon} \approx \frac{3}{2} \frac{\sigma b^3 D}{kTh^2} \tag{2-2}$$

其中，D 为基体自扩散系数；h 为粒子的平均尺寸。

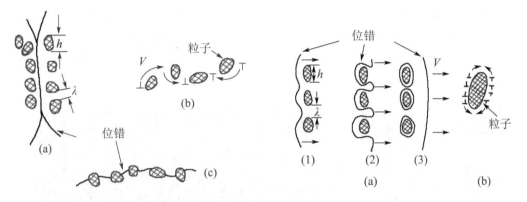

图 2-10 位错以攀移方式绕过粒子   图 2-11 位错以 Orowan 机制绕过粒子

高应力条件下蠕变时，即外应力大于 Orowan 临界应力，即 $\sigma > \dfrac{\mu b}{\lambda}$ 时，位错可以绕过粒子并在粒子周围留下一个位错圈，位错圈相互堆积，通过其应力场阻碍后面位错穿越粒子。因此，穿越速度由位错圈在粒子周围攀移以便由自销毁的速度控制。该情况下的位错运动示意图如图 2-11 所示，此时，攀移速度为（张俊善，2007）：

$$V_{\mathrm{m}} \approx \frac{nD\sigma b^2}{kT} \approx \frac{2\sigma^2 \lambda b D}{\mu kT} \tag{2-3}$$

其中，λ 为滑移面上粒子的平均间隔。则蠕变速率为：

$$\dot{\varepsilon} \approx \frac{6\sigma^4 \lambda^2 D}{h\mu^3 kT} \tag{2-4}$$

此处 $\dot{\varepsilon}$ 正比于基体的自扩散系数。但应力指数 $n=4$。请注意，$\dot{\varepsilon} \propto \dfrac{\lambda^2}{h}$ 即蠕变速度随粒子间距的平方及粒子尺寸的倒数而增加。

在应力很高以致位错攀移速度不能表示成 σ 的线性函数时，Ansell 和 Weertman 自然地给出了下述关系式（Poirier，1976）：

$$\dot{\varepsilon} \approx \frac{3\sigma^2 \lambda D}{\mu^2 b^2 h} \exp\left(\frac{2\sigma^2 \lambda b^2}{\mu kT}\right) \tag{2-5}$$

弥散相粒子的直接作用：阻碍位错运动。位错可以通过攀移用 Orowan 机制或攀移控制的 Orowan 机制穿越障碍。间接作用：产生或稳定高位错密度和亚结构。弥散相的体积分数 f，等于弥散相的体积与总体积之比；粒子的平均半径或直径 r（粒子为球形时）；粒子密度 N_{p} 为任意切面上单位面积粒子的平均数；粒子间平均距离 l_{p} 为任意平面上最近邻粒子间的平均距离。其中面平均距离与位错穿越粒子的可能性相关。Wilcox 和 Clauer 指出（Poirier，1976），如若已知粒子尺寸的分布（球形），则有：

$$\overline{l_{\mathrm{p}}} = \frac{8}{3\sum\limits_{i}\dfrac{f_i}{r_i^2}}$$

式中，f_i 是半径为 r_i 的粒子的体积分数。

2.1.3.4 多尺度碳氮化物强化马氏体钢的理想组织模型

9%Cr 马氏体耐热钢的回火组织为回火马氏体基体上弥散分布着尺寸不同且形状复杂的 $M_{23}C_6$ 及 MX 析出相，如图 2 – 12 所示。其中 $M_{23}C_6$ 分布在原奥氏体晶界及马氏体板条界上，尺寸在 200nm 左右，阻碍（亚）晶界的滑移；MX 分布在板条内部，尺寸小于 20nm，阻碍位错运动。

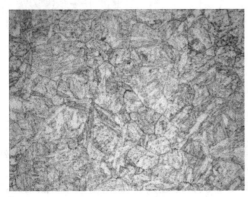

（a）光学组织形貌　　　　　　　　（b）扫描组织形貌

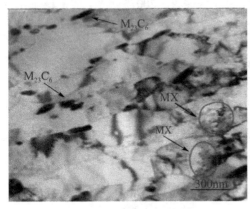

（c）透射组织形貌　　　　　　　　（d）组织示意图

图 2 – 12　P92 耐热钢组织形貌

根据上节结论，对于弥散强化钢，不管在任何蠕变应力下，蠕变速率均正比于粒子间距，反比于粒子尺寸。而组织稳定性，包括界面（板条界、亚晶界、原奥氏体晶界）的稳定性、析出相的稳定性，决定着中应力区蠕变强度的大小。因此，在析出相体积分数一定时，降低粒子间距，增加粒子尺寸，是降低蠕变速率的决定性因素。为降低析出相的粗化速率，提高析出相的稳定，可采取增加同种类型粒子的间距、增加粒子形成元素扩散等路径。同时，在提高粒子稳定性的同时，也在一定程度上提高界面的黏度，降低其滑移速率，提高界面稳定性。

多尺度碳氮化物强化马氏体耐热钢的组织模型如图 2 – 13a 所示。在回火组织中，$M_{23}C_6$ 粒子尺寸在 200nm 左右，但为了降低其粗化速率并保证一定的晶界钉扎作用，体积分数仅为 P92 钢的 1/10；MX 体积分数基本不变。长期蠕变/时效后的组织示意图如图 2 – 13b 所示，$M_{23}C_6$ 及新析出的 Laves 相钉扎在晶界或亚晶界上。由于 Cr 质量分数控制在 9% 以下，Z 相非常少，可忽略不计，因而 MX 的体积分数、分布及形态基本不变。

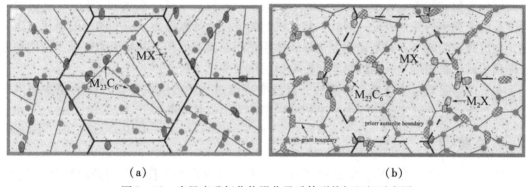

(a)　　　　　　　　　　(b)

图 2 – 13　多尺度碳氮化物强化马氏体耐热钢组织示意图

2.1.4　小结

（1）研制的单尺度碳氮化物强化马氏体组织，其在较高温度下（650℃）的组织稳定性很低，在时效 500h 时发生再结晶。组织稳定性降低的原因主要是（亚）晶界处无较大尺寸的颗粒来提高界面黏度，导致晶界易于移动，加快失效的产生。

（2）CLAM 钢的失效主要是在较高应力下（> 150MPa）促进析出相的析出，从而析出相的尺寸降低，导致其稳定（亚）晶界作用降低。P92 钢的失效方式主要由晶界处析出相的粗化，导致蠕变过程中相邻晶粒协调变形时，产生蠕变空洞造成。而晶界上的粗大析出相主要是蠕变过程中熟化的 $M_{23}C_6$ 及蠕变过程中析出的 Laves 相。

（3）蠕变速率正比于颗粒间距及颗粒的尺寸的倒数，因此在不萌生裂纹的条件下，析出相尺寸越大，颗粒间距越小，越有利于蠕变速率的降低。同时为了保证较高的蠕变强度，分布在晶内的弥散细小的析出相也是必需的。

（4）根据常用 9 ~ 12Cr 耐热钢的失效原因，结合弥散强化合金的蠕变机制，提出了多尺度碳氮化物的组织模型：回火马氏体基体上弥散分布着不同尺寸且形状复杂的 $M_{23}C_6$ 及 MX 析出相，其中 $M_{23}C_6$ 分布在原奥氏体晶界及马氏体板条界上，尺寸在 200nm 左右，阻碍（亚）晶界的移动；MX 分布在板条内部，尺寸小于 20nm，阻碍位错运动。

2.2　多尺度碳氮化物强化马氏体耐热钢变形过程中的组织演变

钢在热变形过程中同时发生加工硬化及软化两个过程，导致金属内部位错结构发生复杂变化。一方面塑性变形引起位错增殖，不同滑移系的位错相互交截形成位错结；另一方面动态软化，如动态回复、动态再结晶、准动态再结晶、静态再结晶、应变诱导相变等导致位错相互湮灭和重新排列。两个过程的交互进行，尤其是各种不同软化机制的发生会导致各种组织特征的产生，如诱变铁素体、超细化晶粒等。同时会大大细化晶粒，提高钢的界面强化。但这些软化机制的发生均需要达到一定条件，如动态再结晶的发生需要试样变形达到临界应变量，并且同时满足试样中的储能达到动态再结晶所需的最小能量。而动态回复在应变量大于 0.1 的所有变形条件下几乎都会发生；准动态再结晶则要求很小的应变速率；应变诱导相变的发生更为苛刻，必须满足变形温度高于 Ar_3，同时达到其发生所必须的临界应变量。

综上所述，在一定变形条件下，只有上述中的某几种软化机制在控制着组织的演变。而决定哪个机制起决定作用取决于 Zener-Hollomon 函数（下文中提到的 Z 值），它是变形温度及应变速率的综合表现。因此，软化机制的发生会导致应力－应变曲线的形状发生变化，如出现应力峰值。碳氮化物强化马氏体不锈钢在奥氏体相区的变形为位错亚结构和上面提到的软化机制以及软化机制如何影响组织演变提供了机会。

本节内容是通过改变热变形参数，以改变变形过程中的组织特征，如诱变铁素体含量、分布等，为后续实验过程中析出相的析出行为提供基础条件。

2.2.1 实验材料

研制的 NS 钢按照传统制备流程制备，主要包括冶炼、高温锻造和高温轧制。其中，冶炼在中国科学院金属研究所的 25kg 容量真空感应炉中进行。表 2-2 中同时列出了 NS 钢成分的设计含量，实际含量（质量分数及原子分数）。对铸态样品进行组织观察。取样位置在钢锭的近帽口处，因为该处缺陷较多，是铸态组织的最劣区。若该处组织符合要求，则其他位置组织也满足要求。得到的铸态显微组织如图 2-14 所示。

表 2-2　实验钢的化学成分

钢型		C	Si	Cr	Mn	S	P	W	V	Nb	O	+N
NS	设计成分	<0.02	<0.05	9.0~9.5	0.8~1.2	<0.003	<0.003	1.5	0.15~0.2	0.06~0.07	<20×10⁻⁶	0.03~0.05
	质量分数（%）	0.021	0.09	9.37	1.25	0.002	0.004	1.42	0.15	0.06	0.0082	0.037
	摩尔分数（%）	0.0018	0.0032	0.1802	0.0228	0.0001	0.0001	0.0077	0.0029	0.0006	0.024	0.0026

 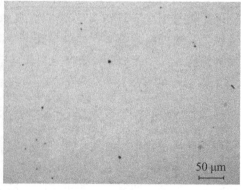

（a）单一马氏体显微组织　　　　　　　　（b）夹杂物

图 2-14　NS 钢的铸态组织

铸态组织为单一马氏体组织，无 δ - 铁素体形成。夹杂物评级为：D 类（球状氧化物）细系 1.5，粗系 1。

2.2.2 研究方法

2.2.2.1 相变特性研究

将铸态 NS 钢按图 2 - 15 所示尺寸规格加工成相变点测试试样，然后在 Formaster-F 热膨胀仪上测定材料的膨胀 - 温度曲线。由于马氏体和奥氏体比容之间存在差异，在升温或者降温过程中，试样除了因受热体积膨胀和受冷体积收缩外，还会发生因两相之间的相变而产生的体积变化，导致试样的膨胀曲线发生非线性偏折，通常据此偏折点温度来确定材料的相变点。

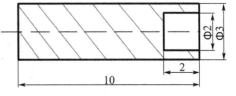

图 2 - 15 热膨胀试样尺寸（mm）

显微硬度在 Wilson Wolpert 401 MVD 型显微硬度计上测试，根据组织的特征选择不同的应力。根据不同要求，试样经抛光或腐蚀后进行测量。

2.2.2.2 热变形特性研究

试样尺寸为 $\Phi 8mm \times 12mm$ 的圆柱，在锻造加工的 $60mm \times 90mm \times 100mm$ 的 NS 方形钢锭上取样。为了消除金属在凝固过程及锻造过程中产生的析出相对变形的影响，试样均在 1200℃ 保温 5min，组织均匀化后，以 10℃/s 的冷速冷却到 900 ~ 1200℃，并以 $(0.001 ~ 1)/s$ 变形速率进行变形。变形量为 60%，变形完成后水淬至室温。变形流程图如图 2 - 16 所示。等速压缩实验在 Gleeb - 3800 热加工模拟试验机上进行，为了减低摩擦及保证变形同轴性，在样品及压轴间插入 0.05mm 厚的钽片。同时为了防止变形过程中试样熔化，钽片及样品间涂抹纯镍及石墨。

组织观察的位置在试样的 1/3 截面的中央，如图 2 - 17 所示。试样制备方法与 2.2.2.1 节相同。扫描及透射观察与 2.2 节相同。数据处理使用 Origin 8.5 软件。

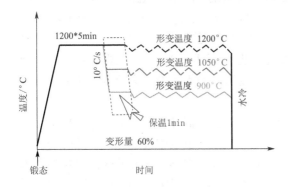

图 2 - 16 NS 钢变形流程图

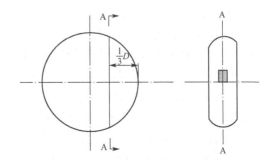

图 2 - 17 变形试样的取样位置及观察位置，右边图显示的是主视图 1/3 直径处的剖面图，阴影部分为组织观察区域

2.2.3 实验结果及分析

2.2.3.1 静态相变特性

热膨胀实验中，随着试样升温速率的增加，测定的 A_{c1} 及 A_{c3} 点偏高于平衡转变时的温

度值。而随着降温速率的增加，测定的相变温度，如贝氏体转变温度等，偏高于平衡转变时的温度值。测试的升温速率控制在 1 ~ 5℃/s，降温速率控制在 0.02 ~ 10℃/s。测得的膨胀曲线如图 2 - 18 所示，该测试参数为，升温速率为 5℃/s，降温速率为 0.05℃/s。整个实验需在 10^{-2}Pa 的高真空环境下进行，以避免或减轻由于形成表面氧化层而造成膨胀量上的测量误差。

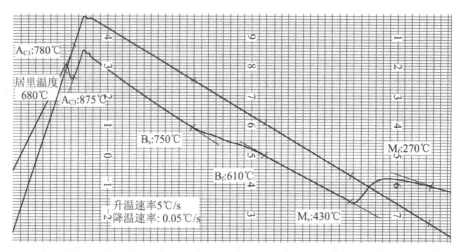

图 2 - 18　升温速率为 5℃/s、降温速率为 0.05℃/s 的 NS 钢的线膨胀曲线

　　在线膨胀曲线中，相变温度为斜率转变的开始位置，如图 2 - 18 标注的位置所示。对于 NS 钢，当从室温以 5℃/s 的加热速度升温到约 680℃ 时，曲线开始发生第一次明显偏折，该温度一般认定为居里转变温度。当温度继续升高时，试样第一次回归线性膨胀。当温度升高到约 780℃ 时，膨胀曲线开始发生第二次剧烈收缩，曲线发生第二次明显偏折。这一阶段的收缩主要是由于具有面心立方晶格的奥氏体的比容小于具有体心立方晶格的铁素体，由铁素体向奥氏体转变引起的，该温度即为材料的 A_{c1} 点。当温度升高至 875℃ 时，奥氏体转变结束，试样第二次回归线性膨胀，该温度即为 A_{c3} 点。另外，在 0.05℃/s 的冷却降温过程中，当温度降低至 750℃ 时，奥氏体开始向无碳贝氏体转变（该温度即 B_s 点），继续降温至 610℃ 时，贝氏体转变结束（该温度即 B_f 点）。随着温度继续下降至 430℃ 时，剩余奥氏体向马氏体转变（该温度即 M_s 点），当温度继续降低至 270℃ 时，马氏体转变进行完全（该温度即 M_f 点）。

　　静态 CCT 曲线的绘制，采用的升温速率均为 1℃/s，降温速率在 0.02 ~ 20℃/s 之间变化。在不同冷却速率下，获得的组织如图 2 - 19 所示。从组织中可以看出，随冷速的增加，马氏体含量增加，贝氏体含量降低。而试样的硬度变化如表 2 - 3 所示，由 0.02℃/s 冷速下的 192HV（马氏体与贝氏体复相组织，M + B），增加到 10℃/s 的 311HV（单一马氏体组织，M）。根据不同冷却速率条件下测得的相变温度，绘制出的 CCT 相变曲线如图 2 - 20 所示。CCT 曲线的绘制在 Origin 8.0 软件上进行。根据绘制的 CCT 曲线可以推断，为了获得单一马氏体组织，冷速需控制在 0.01℃/s 以上。

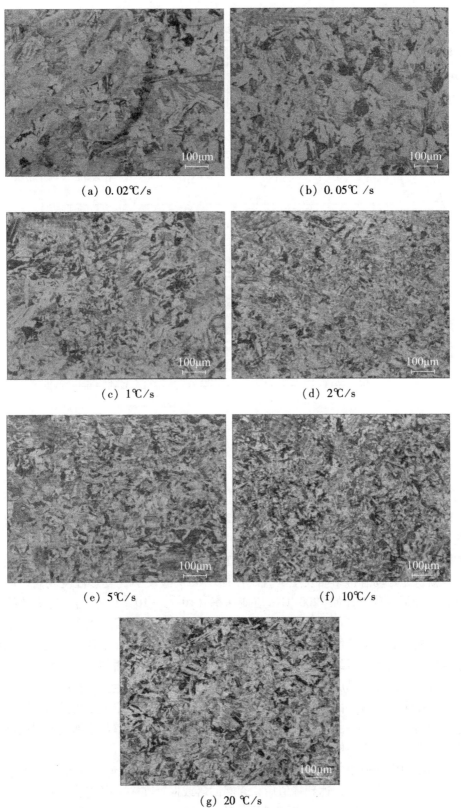

(a) 0.02℃/s   (b) 0.05℃/s

(c) 1℃/s   (d) 2℃/s

(e) 5℃/s   (f) 10℃/s

(g) 20 ℃/s

图 2-19 NS 钢在不同冷速下获得的组织

表2-3　随冷速的变化组织及显微硬度的变化

冷却速率/(℃·s⁻¹)	20	10	5	2	1	0.1	0.05	0.02
硬度/HV	311	318	312	299	319	291	229	192
微结构类型	M	M	M	M	M	M+B	M+B	M+B

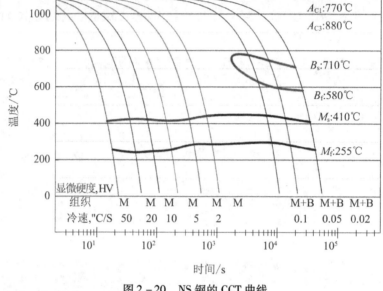

图2-20　NS钢的CCT曲线

2.2.3.2　NS钢热变形行为特征

1）应力-应变曲线

不同应变速率下的应力-应变曲线如图2-21所示，图中标示着动态再结晶发生的临界应变和峰值应力所对应的峰值应变。

如图所示，所有曲线均显示出了初始加工硬化，但只有少数有明显的应力峰值。应力峰值一般被认为是动态再结晶发生的直观依据。在Z值较小（变形温度较高，应变速率较小时）的变形条件下，如1200 ℃，应变速率（$10^{-3} \sim 10^{-2}$）s^{-1}时，应力曲线甚至出现了多个应力峰值。热变形过程中主要发生组织的回复、再结晶及加工硬化。当变形刚开始时，位错的大量移动及缠结引起的加工硬化起主要作用，从而导致应力上升，此时变形能还不足以提供回复及再结晶所需要的能量。当变形量进一步增加，位错繁殖加剧，满足了组织进行回复及再结晶所需的动力学条件时，再结晶大量发生，位错能量部分转化为界面能，表现在应力-应变曲线上即为应力的回落或保持在一稳定值不再升高。随后尽管变形量进一步增加，但大量的晶粒发生再结晶，其消耗内能的速率与增加变形量引起的位错强化达到动态平衡，而使应力值保持在一稳定数值。

变形温度和应变速率对应力-应变曲线的影响非常大，在低温或高应变速率下变形时，应力随应变迅速增大，达到峰值后，逐渐回落或保持在一个平衡值。应力峰值的出现一般认为是热变形过程中发生动态再结晶导致的。当应力峰值 ε_p 出现时，动态再结晶已经发生，但动态再结晶是由临界应变量 ε_c 控制的。在某一温度变形时，一旦达到临界变形量，动态再结晶便会发生，但此时并不一定会出现应力峰。

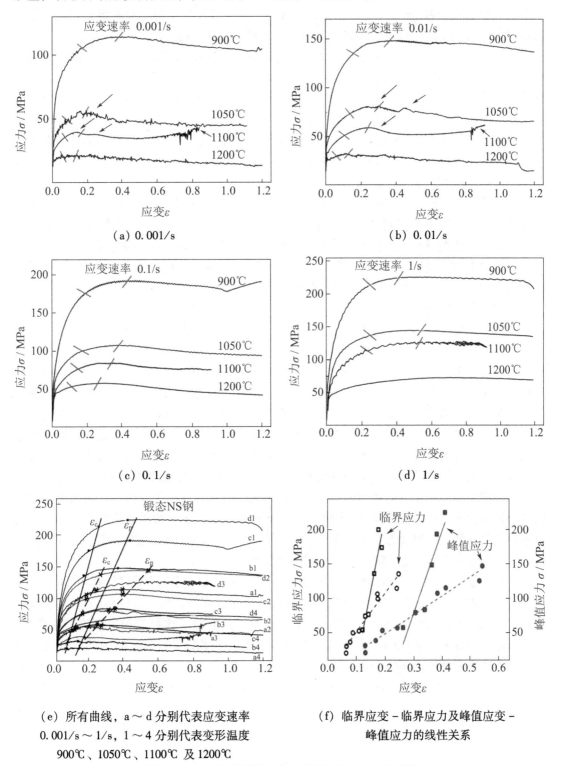

(a) 0.001/s

(b) 0.01/s

(c) 0.1/s

(d) 1/s

(e) 所有曲线，a～d 分别代表应变速率
0.001/s～1/s，1～4 分别代表变形温度
900℃、1050℃、1100℃ 及 1200℃

(f) 临界应变－临界应力及峰值应变－
峰值应力的线性关系

图 2-21　NS 钢在不同应变速率下的应力－应变曲线

随着 Z 值的增加（变形温度降低，应变速率增大），应力峰变宽。如果 Z 值继续增加，如在900℃变形时，应力峰甚至会消失，应力曲线成为"平板"形状。一般而言，"平板"曲线的出现暗示着无动态再结晶的发生，即回复及再结晶导致的组织软化作用远远小于试样的加工硬化速率，动态回复是唯一主要的软化机制。

通常情况下，在一定的变形温度下，应力随着应变速率的增加而增加。但在 NS 钢的变形中，应变速率的增加并不总是导致应力的显著增加，尤其在低温变形时，这种现象更显著。以峰值应力计算，应力增加率 $r = (\sigma_2 - \sigma_1)/\sigma_1$，在1200℃时为 $0.30 \sim 2.56$，而在900℃变形时，应力增加率分布在 $0.17 \sim 0.97$。也就是说，当变形温度从1200℃降低到900℃时，应力增加率随着应变速率的增加从 2.56 降低至 0.97。应变速率对应力增加率影响效果的降低其实是应变速率敏感度 $m = \partial \lg \sigma / (\partial \lg \dot{\varepsilon})$ 引起的。而 m 值随温度的降低而减小，应变速率增加则与较低的层错能有关。

一般情况下，临界应力随临界应变增加线性增加，但如图 2−21e 所示，与峰值应变和峰值应力的比例系数相同，但实验钢的临界应变与临界应力的比例系数却出现了两个值。两个不同比例系数的出现其实与变形过程中的诱导相变的产生有关。由于发生相变，使得基体中由加工硬化产生的存储能急剧降低，因而导致在相同应变量下较低的应力值。也正因为发生了相变，大大提高了 NS 钢在高温时的延展性。

2）变形曲线分析

在应力−应变曲线上，应力峰值出现之前的曲线，按8次多项式拟合后，求应力对应变的导数，可得出应变硬化率曲线。硬化率曲线表示材料在变形过程中的加工硬化程度的变化，图 2−22a ～ d 给出了 NS 钢在 900 ～ 1200℃温度范围内，不同应变速率下的硬化率曲线。从图中可以看出，所有硬化速率曲线都首先经历急速降低阶段，随后硬化率的降低速率减缓。这是因为在变形过程中，能量储存及能量消耗两个相对的过程同时发生。能量消耗量基本上等于材料变形过程中以热量形式散失掉的能量。但两者并不正好相等，两者之间的微小差在塑性变形过程中起着至关重要的作用。从微观角度出发，储能和耗能两个过程决定着亚结构的形成。储能和位错的产生和积累相关，而耗能和多种软化过程有关，包括晶格缺陷的运动、重组和湮灭。能量变化的两个过程会发生相互作用，如湮灭速率的增加导致储能的减少，反之亦然。因此，在开始变形阶段，由于加工硬化的产生导致硬化速率的急剧降低，随着动态回复的发生，使得加工硬化效果降低，进而促进位错后续产生，硬化速率降低的速度下降，直到动态再结晶发生。

随变形温度的下降，初始变形时的硬化指数逐渐升高，当变形温度降低至 900℃时，初始硬化指数由 4000 多升高至 8000 多。当变形温度很高时，如 1200℃，应变速率超过 0.001/s 时，初始硬化速率随着应变速率的增加而降低较慢。这可能与应变速率较高时，位错积累较快有关。而在同一变形速率下，初始硬化速率随变形温度的降低而升高，同时，硬化速率降低的速率减小，如图 2−22e 所示。

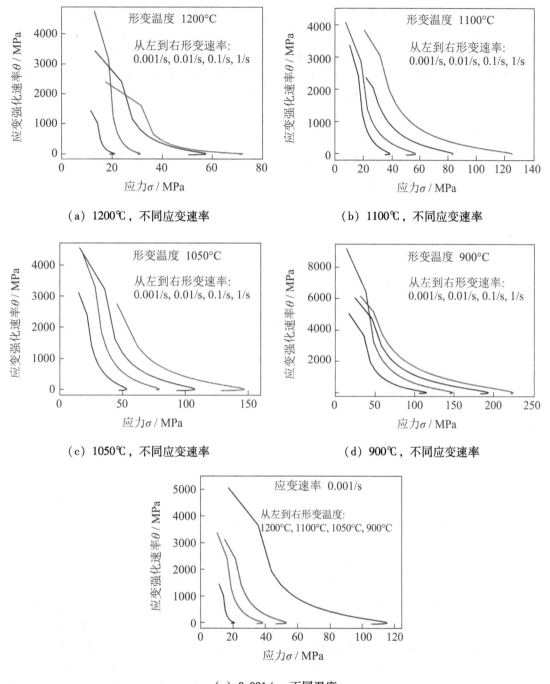

图 2-22 NS 钢在不同变形条件下的应变硬化速率曲线

图 2-23 分析了 NS 钢的 $\partial\theta/\partial\sigma$ 值随应力的变化趋势。Poliakt 及 Jonass（Poliakt, et al, 1996）定义 $-\partial\theta/\partial\sigma$ 值为能量消耗速率，则 $\partial\theta/\partial\sigma$ 可认为是能量变化率。首先，随着应力增高，$\partial\theta/\partial\sigma$ 降低至最小值，然后升高至最大值并保持基本不变，形成平顶"尾巴"形状。在一定的变形温度下，$\partial\theta/\partial\sigma$ 的最小值在 0.01/s 时出现极小值，随后随着应

变速率的增加，$\partial\theta/\partial\sigma$ 最小值逐步增大。且随应变速率的增加，平顶"尾巴"越长。这是因为随着应变速率的增加，应力升高（曲线向右延长），而在变形温度一定的情况下，动态再结晶发生所需的临界应变随应变速率的增加而增加。因此导致相应的临界应力增加，平顶"尾巴"越长。另外，在动态再结晶的临界应变的位置，$\partial\theta/\partial\sigma$ 会发生明显变化，尤其是变形温度很高的 1200℃，如图 2-23 中内置图所示。在应变速率一定的情况下，如 0.001/s，$\partial\theta/\partial\sigma$ 的最小值随温度的降低而升高。且变形温度越低（Z 值越大），平顶"尾巴"越长。而在温度一定的情况下，如 1050℃，$\partial\theta/\partial\sigma$ 的最小值随应变速率的增加而升高，$\partial\theta/\partial\sigma$ 的最小值随应变速率增加的速率高于随温度降低的增加速率。平顶"尾巴"形状说明动态再结晶的开始只和应变有关，而对应力不敏感。

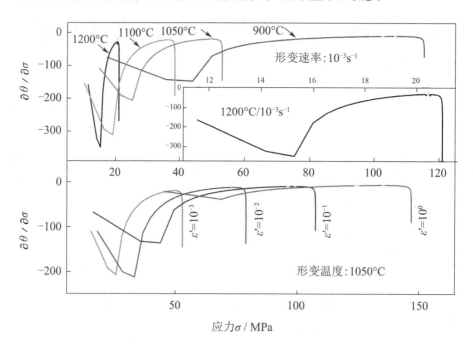

图 2-23 应变硬化
上图：应变硬化速率在 0.001/s 下随不同温度的变化曲线；
下图：应变速率在 1050℃ 时随应变速率的变化曲线

由于 $\partial\theta/\partial\sigma$ 被认为是能量变化率，则从数学及物理学上的进一步推导，$\partial(\partial\theta/\partial\sigma)/\partial\sigma$ 可以用来表示能量变化的加速度，进而代表变形过程中总的内应力（Zhang, et al, 2014）。即当 $\partial(\partial\theta/\partial\sigma)/\partial\sigma$ 为正值时，表示试样的加工硬化为主导；反之，软化为主；为零时，试样处在动态平衡阶段。因此，本书给出了 $\partial(\partial\theta/\partial\sigma)/\partial\sigma$ 随温度及应变速率的变化趋势，来进一步分析变形过程中软化机制是如何起作用的。图 2-24 下图给出了 $\partial(\partial\theta/\partial\sigma)/\partial\sigma$ 在不同温度下，随应变速率变化的规律。在一定的变形温度下，$\partial(\partial\theta/\partial\sigma)/\partial\sigma$ 的最大值随应变速率的增加而逐渐降低。这是因为，与 Z 值较高的变形条件相比，在 Z 值较低时，较多的滑移系开动，导致 $\partial(\partial\theta/\partial\sigma)/\partial\sigma$ 的最大值（加工硬化）随 Z 值的增加而降低。相似地，在应变速率一定时，$\partial(\partial\theta/\partial\sigma)/\partial\sigma$ 的最大值随着变形温度的降低而逐渐降低，如图 2-24 上图所示。

为了详尽地分析变形过程中的软化，峰值之前的应力-应变曲线按 $\partial\theta/\partial\sigma$ 及 $\partial(\partial\theta/$

$\partial\sigma)/\partial\sigma$ 曲线的转折点被分成了四个区域，如图 2 – 25 所示。分析曲线选择的是 1200℃，应变速率 10^{-2}s^{-1}；1050℃，应变速率 10^{-2}s^{-1} 两个变形条件。从开始到 $\partial\theta/\partial\sigma$ 的最小值为区域 I，在该区域变形时，NS 钢只经历了硬化而无任何软化发生。$\partial\theta/\partial\sigma$ 曲线出现一个极小值，且在 Z 值较小时，$\partial\theta/\partial\sigma$ 随应力增加降低迅速，意味着能量消耗的速率增加到最大值，预示着相反过程（软化）即将发生（Zhang，et al，2014）。

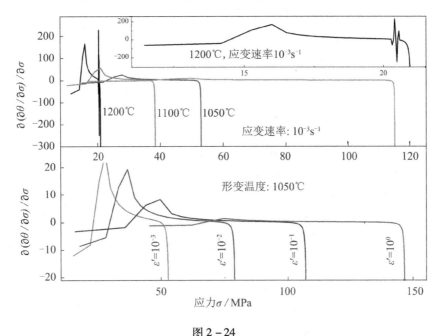

图 2 – 24

上图：0.001/s 应变速率下，不同温度的 $\partial(\partial\theta/\partial\sigma)/\partial\sigma$ 变化曲线；

下图：1050℃时不同应变速率下 $\partial(\partial\theta/\partial\sigma)/\partial\sigma$ 值的变化曲线

$\partial\theta/\partial\sigma$ 的最小值出现被认为是亚晶开始形成及储能开始大量消耗的位置。即从 $\partial\theta/\partial\sigma$ 的最小值开始到 $\partial(\partial\theta/\partial\sigma)/\partial\sigma$ 的最大值之间，除了与亚晶形成有关的回复软化以外，无其他软化机制。该区域设定为区域 II。对于 NS 钢，该阶段的软化机制为动态回复，且 $\partial(\partial\theta/\partial\sigma)/\partial\sigma$（硬化力）在该区域内一直处于上升过程，只不过在动态回复出现后，上升速率略有降低。

从区域 II 结束的位置开始到 $\partial\theta/\partial\sigma$ 的最大值位置处结束为区域 III。$\partial\theta/\partial\sigma$ 的最大值即能量消耗速率最小值，被认为是动态再结晶开始位置。因此，该区域是影响软化最重要的部分，因为它决定着动态再结晶是否发生。若以位错积累为形式的储能达到一临界值，并且同时能量消耗速率达到最小值，则动态再结晶发生。如果上述两个条件中的任何一个不能满足，则动态再结晶无法发生。在区域 III 开始时，$\partial(\partial\theta/\partial\sigma)/\partial\sigma$ 从它的极值出现急速降低，意味着除动态回复外，另一个软化机制的发生。对于 NS 钢，该辅助软化机制为动态诱导铁素体相变。该区域的结束位置也暗示了动态回复的结束。如果动态回复结束，则 $\theta-\sigma$ 曲线出现线性变化或 $\partial(\partial\theta/\partial\sigma)/\partial\sigma$ 值接近零，如图 2 – 25 所示。由于力为零被定义为加工硬化和软化到达动态平衡状态，平顶"尾巴"越长，力达到平衡的"越快"。

区域 IV 为动态再结晶开始后的区域。因此，动态再结晶是动态回复和动态诱导相变中主要的软化机制。

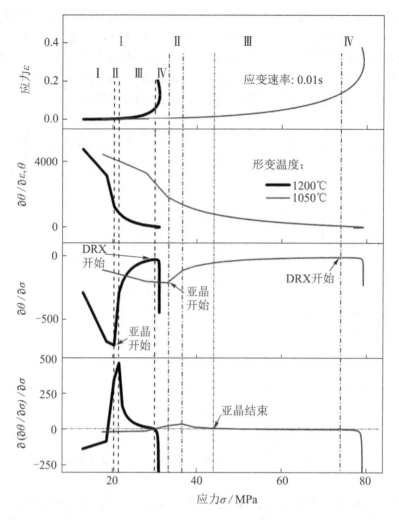

图2-25　在1200℃/10^{-2}s^{-1}及1050℃/10^{-2}s^{-1}条件下，ε、θ、$\partial\theta/\partial\sigma$、$\partial(\partial\theta/\partial\sigma)/\partial\sigma$随应力变化曲线图

2.2.3.3　本构方程的建立

应力－应变曲线在应力峰之前的数据可以按照公式（2-6）（Zhang，et al，2014）拟合，其中应力 σ 是应变量 ε、温度 T 及应变速率的函数。

$$\sigma/\sigma_{\mathrm{p}} = \left[(\varepsilon/\varepsilon_{\mathrm{p}})\exp(1-\varepsilon/\varepsilon_{\mathrm{p}})\right]^{c} \qquad (2-6)$$

式中，峰值应变 ε_{p} 是对应于峰值应力 σ_{p} 的应变值，而不同钢的指数 C 也不相同。一般而言，幂函数 $\dot{\varepsilon} = A'\sigma^{n}$ 适用于低温变形，其加工硬化一直增加。而指数函数 $A''\exp(\beta\sigma) = \dot{\varepsilon}\exp(Q/RT)$ 适用于高温变形，用以在低应力曲线中预测饱和应力峰值。而本构方程则可同时适用于低温和高温变形，公式（A. A. Khamei，et al，2010）如下：

$$Z = \dot{\varepsilon}\exp\left(\frac{Q}{RT}\right) = A\left[\sinh(\alpha\sigma)\right]^{n} \qquad (2-7)$$

式中，n 为应力指数，Q 为变形激活能，参数 α 对于特定的材料是固定值，R 是气体常数，为 8.31 J·mol^{-1}·K^{-1}。

1）常数的确定

为了使用不同变形条件下的变形数据，必须先求出本构方程中的系数。双曲线的泰勒展开式（Zhang, et al, 2014）如下所示：

$$\sinh(x) = \frac{e^x - e^{-x}}{2} = x + \frac{x^3}{3!} + \frac{x^5}{5!} + \frac{x^7}{7!} + \cdots \qquad (2-8)$$

当 $x \leq 0.5$ 时，x 的较高阶式可以忽略，上式近似地等于 x，即 $\sinh(x) \approx x$ 误差在 4.0% 以内。在这种情况下，本构方程可以表述为式（2-9）。当 $x \geq 2.0$ 时，e^{-x} 可忽略，即 $\sinh(x) \approx e^x/2$，误差在 1.9% 以内，此时本构方程可以表述为式（2-5）（Zhang, et al, 2014）。

$$\dot{\varepsilon}\exp(Q_{HW}/RT) = A_1\sigma^n \qquad 当 \alpha\sigma \leq 0.5 \qquad (2-9)$$

$$\dot{\varepsilon}\exp(Q_{HW}/RT) = A_2[\exp(\alpha\sigma)]^n \qquad 当 \alpha\sigma \geq 2.0 \qquad (2-10)$$

式中，Q_{HW} 为峰值应变时的变形激活能，A_1 和 A_2 是相关的材料常数，其中 $A_1 = A\alpha^n$，$A_2 = \frac{A}{2}^n$。把式（2-4）的对数形式带入到式（2-5）后，n 值与 α 值分别通过 $n = \frac{\partial\ln\dot{\varepsilon}}{\partial\ln\sigma_p}$ 和 $\alpha = \frac{\partial\ln\dot{\varepsilon}}{(n \cdot \partial\sigma_p)}$ 求出。即求 $\ln(\dot{\varepsilon})$ vs. $\ln(\sigma_p)$ 和 $\ln(\dot{\varepsilon})$ vs. σ_p 的斜率即可。但是，当判定 $\alpha\sigma$ 值是否落在区间 $\alpha\sigma \leq 0.5$ 或 $\alpha\sigma \geq 2.0$ 时，需要先设定一近似值 α。然后用回推的方法精确确定 α 值。此处先预设 $\alpha = 0.012\text{MPa}$（不锈钢的取值）。在预设计算中，采用 NS 钢在 1200℃，应变速率 $(0.001 \sim 0.05)\text{s}^{-1}$ 变形条件下的实验数据作为满足条件。而在 900℃ 下变形数据 $\alpha\sigma \leq 2.0$ 作为满足条件。计算 n 值与 α 值所采用的实验数据如表 2-4 所示。通过采用初步实验结果，n 值与 α 值被分别确定为 5.78MPa^{-1}、0.011MPa^{-1}。

表 2-4　计算 α 值采用的应力峰值

应变速率/s^{-1}	900℃	1200℃
0.001	115.3	21.0
0.005	—	27.7
0.01	148.5	31.2
0.05	—	41.3
0.1	193.4	—
1	224.8	—

变形激活能 Q 及常数 A 值也可以通过本构方程的对数形式求出，如式（2-11）所示：

$$\ln[\sinh(\alpha\sigma_p)] = \frac{1}{n}\ln\dot{\varepsilon} - \frac{1}{n}\ln(A) + \frac{Q_{HW}}{nRT} \qquad (2-11)$$

偏微分得：

$$n = \frac{\partial\ln\dot{\varepsilon}}{\partial\ln[\sinh(\alpha\sigma_p)]} \qquad (T 为常数) \qquad (2-12)$$

$$Q_{HW} = nR\frac{\partial\ln[\sinh(\alpha\sigma_p)]}{\partial(1/T)} \qquad (\dot{\varepsilon} 为常数) \qquad (2-13)$$

把 $\alpha = 0.011$ 代入本构方程，按照式（2-12）在不同变形条件下重新计算 n 值，

即 $\ln\dot{\varepsilon}$ vs $\ln[\sinh(\alpha\sigma_p)]$ 的斜率，如图 2-26 所示。计算结果为 $n = 5.00 \pm 0.22$。再把 $n = 5.00$ 代入 $\alpha = \dfrac{\partial\ln\dot{\varepsilon}}{(n\cdot\partial\sigma_p)}$，$\alpha$ 值重新修订为 0.012 MPa^{-1}。最后重新验证 $\alpha\sigma$ 值是否与开始预设的范围相同，结果证明预设正确。此时，计算出 NS 的 $\alpha = 0.012$ 及 $n = 5.00$。

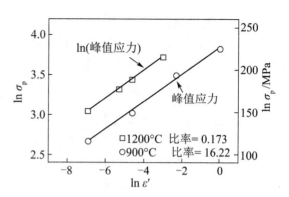

图 2-26　计算 n 和 α 值的 $\ln\sigma_p$ vs. $\ln\dot{\varepsilon}$ 和 σ_p vs. $\ln\dot{\varepsilon}$ 的斜率

2）变形激活能

在一定的变形速率下，激活能 Q 可以通过式（2-13）求得。即通过 $\ln[\sinh(\alpha\sigma_p)]$ 和 $1000/T$ 斜率求出，如图 2-27 所示。因此，按线性回归的方法，求出 NS 钢在峰值应力时的应变激活能 $Q = (450 \pm 24)$ kJ/mol。

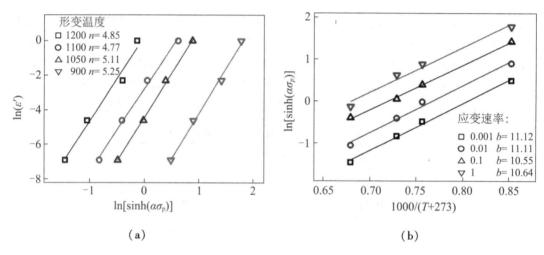

(a)　　　　　　　(b)

图 2-27　NS 钢中 $\ln(\dot{\varepsilon})$ 和 $\ln[\sinh(\alpha\sigma_p)]$ 及 $\ln[\sinh(\alpha\sigma_p)]$ 和 $10^3/T$ 之间的线性关系

在 Arrhenius 理论中，热变形激活能 Q 代表原子扩散所需的临界值。在大多数金属的高温（$>0.5T_m$）变形中，Q 代表自扩散激活能。合金元素的固溶强化、动态再结晶的发生、析出相的诱导析出、相变等会强烈影响 Q 的变化。动态再结晶一般能提高 20% 的 Q 值（McQueen, et al, 2002）。奥氏体纯铁的激活能为 284kJ/mol（Yong, 2006），所以在奥氏体状态下动态再结晶的发生会导致激活能增加 57kJ/mol。纯铁的激活能为 241kJ/mol（Yong, 2006）。不锈钢中由固溶合金增加的激活能为 50～210kJ/mol（McQueen, et al, 2002）。诱变析出相可以提高 Q 值 30～150kJ/mol（Zhang, et al, 2014）。因此，经计算 NS 钢中弥散相的强化值一般分布在 67kJ/mol 左右。

把上述所求得的各系数带入到本构方程中，可求出当 Z 值在 418～486kJ/mol 变化时，系数 A 在 5.2×10^{14}～4.8×10^{17} 之间（Zhang, et al, 2014）。

3）动态再结晶发生的临界条件

大量报告指出，即使"平板"形的应力曲线的变形中，组织中也有可能发生动态再结晶（A. I. Fernandez, et al, 2003）。即应力峰值的存在不是动态再结晶发生的必要条件。而 NS 钢的实验结果表明，在"平板"形曲线的变形中，通过组织观察发现也存在动态再结晶晶粒，证实上述理论。

目前定位动态再结晶发生的临界应变的方法主要基于能量考虑。Wray（Wray, 1975）是第一个提出动态再结晶与临界应变相关的学者。他指出，动态再结晶发生所需要临界应变的确定可以直接通过组织观察或通过应力曲线分析两种方法。前者由于需要大量的工作，而且在界定新晶粒时很困难，因而比较复杂而且耗时耗力。Mc Queen 等（McQueen, et al, 1995）则建议通过应力分析，如呈线性关系的应变硬化速率 θ（$= \mathrm{d}\sigma/\mathrm{d}\varepsilon$）和应力 σ，将线性关系失效的转折点定义为临界应变。该方法给出的动态再结晶发生的临界应变为近似值，不够精确。而 $\theta - \sigma$ 的线性延伸与 $\theta = 0$ 的交点，如图 2 – 28 所示，即为只有动态回复唯一的软化机制作用时的应力饱和值。而对于 NS 钢的变形，该应力饱和值为动态相变及动态回复共同存在时的应力值（Bhattacharyya, et al, 2006）。相应地，θ 值的变化为亚晶的形成及动态再结晶开始提供了直观的位置。如图 2 – 28 所示，$\theta - \sigma$ 曲线随着温度增加及变形速率的降低而从较高的数值急剧降低，其斜率在高 Z 值变形条件下变化不明显。因此，给精确定位动态回复及动态再结晶发生的位置带来了困难。

Poliakt 和 Jonas（Poliakt, et al, 1996）通过 $\partial(\partial\theta/\partial\sigma)/\partial\sigma$ 的最小值确定了动态再结晶发生所需要的临界应变量。他们认为储存的临界能及最小的耗能速率是动态再结晶发生的充要条件。以上两种方法均被用于描绘 NS 钢的组织转变图（图 2 – 28）。因为两者各有优点，且能相互补充相互的不足。

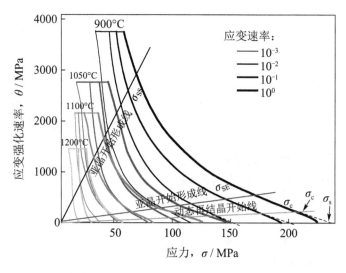

图 2 – 28　应变硬化速率与应力的关系图

4）Zener – Hollomon 函数

通常情况下，在 Z 值较小时，动态再结晶开始所需的临界应变也很小，因此开始阶段，Z 值的增加会引起临界应变 ε_{c} 的增加。但是 Z 值较高时，有些学者（A. I. Fernandez, et al, 2003）发现，临界应变并不再随着 Z 值的增加而线性增加。他们认为在 Z 值较高时，组织中位错密度增加，改变了加工硬化与动态回复之间的平衡，从而促进动态再结晶的发生。在 NS 钢的研究中发现，Z 值增加的前期，可以用该理论解释。而在 Z 值较高的后期，$\ln\varepsilon - \ln Z$ 曲线（图 2-29）的平稳阶段，即 $\ln Z$ 超过 40 后，此现象则无法用该理论解释。

在开始阶段，与其他大多数钢相同，NS 钢的 $\ln\varepsilon_c$ 随 $\ln Z$ 的增加而线性增加。但是当 $\ln Z$ 达到 40 以后，$\ln\varepsilon_c$ 增加速度放缓，并降低至一平台。由此造成 $\ln\varepsilon_c$ 在 40 附近出现了极大值。Stewart 及 McQueen（Tan, et al, 2009）在 316 不锈钢的实验中也发现了该现象，他们认为造成这种现象的原因是置换型杂质在新形成的动态再结晶晶界上的偏聚，尤其是 P 的偏聚。而且偏聚对温度和 Z 值敏感，所以造成该现象发生在中温变形过程中。

但是，如图 2-30 所示，$\ln\sigma_c$ 随 $\ln Z$ 的变化并不像 $\ln\varepsilon_c$ 一样，它随着 $\ln Z$ 的增加而不断增加，只是加速度随 $\ln Z$ 的增加而有所降低而已。增加速率的改变发生在 $\ln Z = 40$ 附近，它可能与动态再结晶开始的位错密度有关（Taylor, et al, 2011）。当 $\ln Z$ 值增加到更高水平时，如对于 NS 钢的 $\ln Z = 40$ 时，位错密度足够高而促进动态再结晶的发生，进而降低了动态再结晶所需的临界应变量。也就是说，动态再结晶更倾向于在高位错密度的情况下发生（Wu, et al, 2011）。因此，当 $\ln Z$ 在 40 以下时，临界应变量对 Z 值敏感，但当 $\ln Z$ 高于 40 后，临界应力对 Z 值敏感。

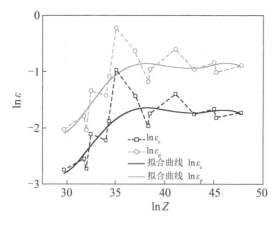

图 2-29　$\ln\varepsilon_c$ 和 $\ln\varepsilon_p$ 随 $\ln Z$ 值变化曲线

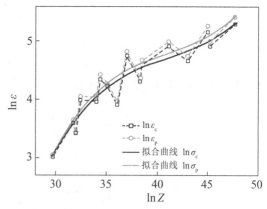

图 2-30　$\ln\sigma_c$ 和 $\ln\sigma_p$ 随 $\ln Z$ 值变化曲线

尽管动态再结晶发生所需要的临界应变并不随 Z 值增加而线性增加，但它与峰值应变保持着非常好的线性关系，如图 2-31 所示。它们之间的斜率为 0.45，小于其他学者给出的 0.61～0.77 的范围。较小的比率可能与变形过程中在动态再结晶之前发生的诱导相变软化有关（Momeni, et al, 2011），因为相变的发生会降低储存能并因此延迟第一批动态再结晶后的后续动态再结晶的形核。而后续动态再结晶形核的延迟继而导致更大的峰值应变，最终引起临界应变/峰值应变比例的降低。

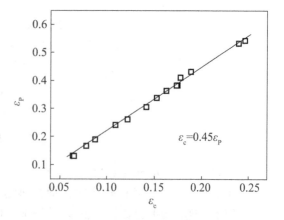

图 2-31　ε_c 和 ε_p 的线性关系

5）能量耗散图及失效图

在热变形过程中，流变应力可表示为（张俊善，2007）：

$$\sigma = \sigma(\dot{\varepsilon}, T, \varepsilon) \qquad (2-14)$$

式中，$\dot{\varepsilon}$ 为应变速率，T 为变形温度，ε 为真应变。变形温度及应变速率在很大程度上影响高温流变应力，在应变量及变形温度一定的条件下，流变应力可用式（张俊善，2007）表示：

$$\sigma = K\dot{\varepsilon}^m \qquad (2-15)$$

式中，K 为影响强度的温度参数，m 为应变速率敏感性指数。对式（2-15）取对数，可得：

$$\lg\sigma = \lg K + m \cdot \lg\dot{\varepsilon} \qquad (2-16)$$

则 m 可表示为：

$$m = \frac{\partial(\lg\sigma)}{\partial(\lg\dot{\varepsilon})} \qquad (2-17)$$

m 表征了材料热变形过程中的软化程度，在软化过程的贡献越大，m 值越大，m 值随温度的升高及应变速率的降低而增大。在一定应变量及温度下，流变应力与应变速率的关系为：

$$\lg\sigma = a + b \cdot \lg\dot{\varepsilon} + c \cdot (\lg\dot{\varepsilon})^2 \qquad (2-18)$$

式中 a、b、c 为常数，在本实验条件下，经回归分析得到的 a、b、c 值。

将式（2-17）代入式（2-18），可得：

$$m = b + 2c \cdot \lg\dot{\varepsilon} \qquad (2-19)$$

可在不同应变量、应变速率及温度条件下计算出 m 的值。

根据动态材料模型，材料热变形过程中的能量消耗行为取决于材料显微组织的变化。在热变形过程中，单位体积的瞬时消耗功率 P 为流变应力与应变速率的乘积（$\sigma \cdot \dot{\varepsilon}$），可用下式（张俊善，2007）表示：

$$P = \sigma \cdot \dot{\varepsilon} = \int_0^{\dot{\varepsilon}} \sigma \mathrm{d}\dot{\varepsilon} + \int_0^{\sigma} \dot{\varepsilon} \mathrm{d}\sigma \qquad (2-20)$$

式中：$G = \int_0^{\dot{\varepsilon}} \sigma \mathrm{d}\dot{\varepsilon}$，$J = \int_0^{\sigma} \dot{\varepsilon} \mathrm{d}\sigma$，即 $P = G + J$。

在恒定温度下，热变形过程中的流变应力为：

$$\sigma = K\dot{\varepsilon}^m \qquad (2-21)$$

将式（2-20）代入式（2-21），可得到：

$$G = \int_0^{\dot{\varepsilon}} \sigma \mathrm{d}\dot{\varepsilon} = \int_0^{\sigma} (\sigma/A)^{1/m} \mathrm{d}\sigma = \dot{\varepsilon}\sigma m/(m+1) \qquad (2-22)$$

$$J = \int_0^{\sigma} \dot{\varepsilon} \mathrm{d}\sigma = \int_0^{\dot{\varepsilon}} A\dot{\varepsilon}^m \mathrm{d}\dot{\varepsilon} = \dot{\varepsilon}\sigma/(m+1) \qquad (2-23)$$

$$\sigma \cdot \dot{\varepsilon} = \dot{\varepsilon}\sigma m/(m+1) + \dot{\varepsilon}\sigma/(m+1) \qquad (2-24)$$

由上式可以看出，热变形过程中材料的能量消耗包括两部分，即材料塑性变形而消耗的能量 G 以及材料组织动态变化所消耗的能量 J，应变速率敏感性指数 m 可认为是两部分能量之间的分配系数。

对于非线性消耗过程，能量消耗效率 η（efficiency of power dissipation）可表示为

(Zhang, et al, 2014):

$$\eta = \frac{J}{J_{max}} = \frac{2m}{m+1} \tag{2-25}$$

式中，η 为一无量纲参数，描述了材料热变形过程中因显微组织改变而消耗的能量与总能量的比值。能量消耗效率 η 取决于热加工温度 T 及应变速率 $\dot{\varepsilon}$。

热加工图可以非常有效地以能量消耗率 η 来描述材料的变形特征。能量消耗率表示变形过程中由组织变化引起的能量消耗，一般而言，η 越高，变形性越好，即热变形条件越好。但有时较高的 η 值也可能由裂纹导致，而裂纹是变形不稳定的指标。为了排除这种情况，Ziegler（Ziegler, 1965）给出了以下公式来判定变形的稳定性：

$$\left[\xi(\dot{\varepsilon}) = \frac{\partial \ln(m/(m+1))}{\partial \ln\dot{\varepsilon}} + m > 0 \right] \tag{2-26}$$

$\xi(\dot{\varepsilon})$ 函数随温度及应变速率的变化而变化，当 $\xi(\dot{\varepsilon})$ 为负数时，变形不稳定，为失稳变形。图 2-32 是 NS 钢在 0.6 应变时的三维能量消耗图，其中底部等高线中，实线为能量消耗等高线，虚线为失稳等高线。NS 钢的失稳图可以分为三个典型的区域：A、B、C。$\xi(\dot{\varepsilon})$ 为负数的区域 A 为失稳区，η 值较小，只有 0.1 左右。在该区变形时，材料容易产生裂纹。区域 B 则是超塑性变形区，该区域有优良的变形塑性，η 值较高。一般来说，在该区域变形时，会发生充分的动态再结晶，因此，动态再结晶及诱导相变的快速发生使得储存的能量快速降低，使材料获得非常好的变形塑性。区域 C 为可变形区，在该区域变形时，动态再结晶等软化机制发生的较少，主要软化机制为诱导相变（见后面组织图），消耗大量的储能。但相变产生的铁素体分布在原奥氏体晶界处，且基本不发生再结晶。因此，由诱导相变及动态回复消耗的储能维持在一定水平，使材料保持一定的延展性。

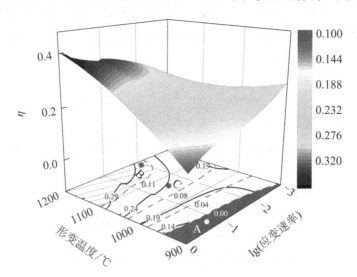

图 2-32　NS 钢在 0.6 应变时的三维热加工图，底部映射的为等高图，其中断线等高线为 $\xi(\dot{\varepsilon})$ 值，实线等高线为 η 值，A、B、C 为三个区域中典型位置

NS 钢在 0.05～0.6 应变量的能量消耗率等高图如图 2-33 所示，可以看到随着变形量的增加，能量消耗率的最大值基本没有发生变化，说明在整个变形过程中，材料由组织

变化消耗的能量维持在一个稳定值。而消耗能量最大的是动态再结晶的发生，因此在 Z 值最小条件的变形过程中，动态再结晶一直持续发生，只到变形结束。能量消耗率的最小值却发生剧烈变化，说明在 Z 值最大条件的变形过程中，主要的软化机制只在一个具体的应变范围内发生。

　　能量消耗等高图与变形稳定性等高图的复合图如图 2 - 33 所示。NS 钢在 1000℃ 以上变形，当应变量超过 0.2 以后，基本没有变形不稳定区。也就是说与 P92 钢相比，每个不稳定区域面积都很小。这是由于 NS 钢中 C、N 含量较低，形成的析出相数量降低，其钉扎位错及晶界的作用减小，最终促进动态再结晶及动态回复的发生，提高了材料的可加工性。从变形失稳区的分布（阴影区）可以确定，NS 钢最佳的变形条件为（1000 ～ 1200℃）/（0.001 ～ 1）s^{-1}，且变形量超过 0.2。

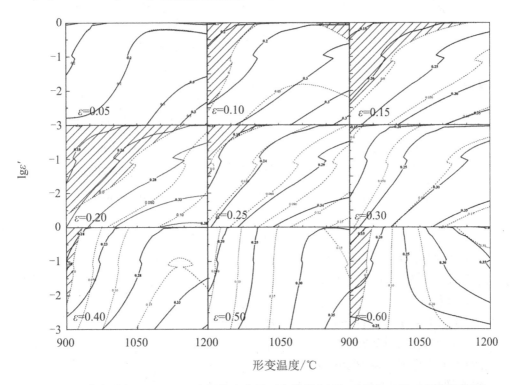

图 2 - 33　应变量在 0.05 ～ 0.6 之间的失稳图（点线等高图）及热加工图（实线等高图）

2.2.3.4　变形过程中的组织调整

1）完全再结晶温度的确定

　　制定轧制工艺时，非完全再结晶温度是至关重要的因素。因为在此温度以下轧制，应变会在奥氏体内积累，进而马氏体的晶粒尺寸会减小，即组织得到细化（Zhou，et al，2008）。非再结晶温度区间轧制是变形、再结晶及沉淀相析出相互作用的结果。而影响机制为固溶原子的拖拽效应和析出相的钉扎效应（Dehghan-Manshadi，et al，2008）。一般认为，析出相的钉扎作用大于固溶原子的拖拽作用（Sun，et al，1993）。利用热模拟压缩实验是精确度较高而得到广泛应用的方法之一。

在非完全再结晶温度（T_n）以下变形，完全再结晶无法完成。本实验通过不同条件下的应力–应变曲线来测定该温度，如图2–34所示。该应力–应变曲线是不同初始条件下的试样，如铸态、锻态，以0.1/s的变形速率在不同温度下变形获得的。锻态试样的锻造工艺与第2.2.2.2节中的锻造工艺相同。所有试样以1℃/s的速率升高至1200℃保温5min，然后以1℃/s的速度冷却至变形温度进行变形。由于均匀化温度较高，因此铸态及锻态试样经奥氏体化后，组织上没有明显差别。

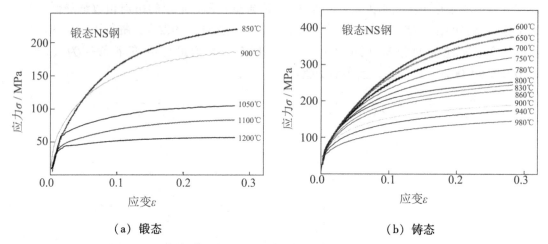

（a）锻态 　　　　　　　　　　　　（b）铸态

图2–34　不同初始组织的NS钢在不同温度变形的应力–应变曲线

以上应力–应变数据通过式（2–27）（Sun, et al, 1993）进行处理：

$$\overline{\sigma} = \frac{1}{\varepsilon_2 - \varepsilon_1}\int_{\varepsilon_1}^{\varepsilon_2}\sigma \mathrm{d}\varepsilon \qquad (2-27)$$

其中，$\overline{\sigma}$是平均应力；$\varepsilon_2 - \varepsilon_1$是所需应变量，对应于上述数据$\varepsilon_2 - \varepsilon_1 = 0.28 - 0$；$\sigma$、$\varepsilon$分别是应力和应变。

NS钢在0.1/s变形条件下的平均应力随温度的倒数变化的计算结果如图2–35所示。从图中可以看到，在1000℃左右出现第一个斜率转变点。如上节所述，当变形温度在900℃以上时，NS钢主要的软化机制为动态再结晶，由此导致的组织为等轴状晶粒，如图2–36a所示。当变形温度低于900℃后，主要的后续软化机制为准动态再结晶，导致组织为晶粒细小的马氏体–铁素体混合组织，如图2–36b所示。因此，该斜率转变点为完全再结晶温度（T_n），该测定的温度与其他钢的完全再结晶温度基本相同。

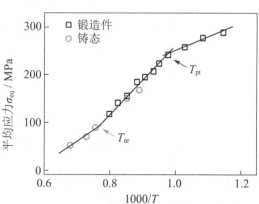

图2–35　NS钢在0.1/s变形条件下的平均应力随温度的倒数的变化

(a) 1200℃

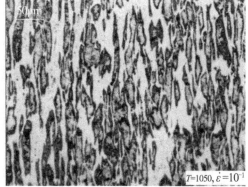

(b) 1100℃

(c) 900℃

图2-36 在1200℃、1100℃及900℃变形试样的光学组织

但除此之外，在727℃附近，NS钢出现了第二个斜率转变点。本书认为，该温度为贝氏体转变温度。首先，由NS钢的CCT转变曲线（图2-37）可以看出，在静态相变实验中，贝氏体转变温度为715℃左右，略低于727℃。但是由于变形可以为切变提供驱动力，导致动态相变的温度略高于静态相变测定的温度（Dutta，et al，2003）。另外，由于贝氏体转变温度是9Cr-Nb-V钢中除铁素体转变温度外最高的相变温度。并且根据静态相变过程中产生的贝氏体组织形态，如图2-37a所示，在727℃以下变形的试样组织，与图2-37b相似，有相同的无碳贝氏体组织形貌。因此，可以确定第二个斜率转变点对应的温度为无碳贝氏体转变温度（Zhang，et al，2014）。

2）变形方向对组织的影响

NS钢在热变形过程中组织的演变与动态回复、动态再结晶、准动态再结晶及动态诱导相变等软化机制密切相关。不同的软化机制起主导作用时，会导致不同的组织（Gündüz，2008）。如当动态再结晶起主导作用时，得到的组织为细等轴晶组织，如图2-38a所示；当诱导相变起主要作用时，组织为带状铁素体及等轴马氏体组织，如图2-38b所示；当准动态再结晶起主要作用时，组织为铁素体和马氏体的混合晶组织，如图2-38c所示。

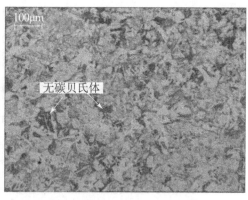

(a) 750℃变形试样组织　　　　　　　(b) 0.05℃/s冷速下静态贝氏体相变组织

图2-37　不同条件下获得的无碳贝氏体组织

　　压缩试样的不同位置，所受应力方向及大小均不相同。但由于压缩试样的近对称性，如图2-38所示主要有三个区域的组织，其形态如图。

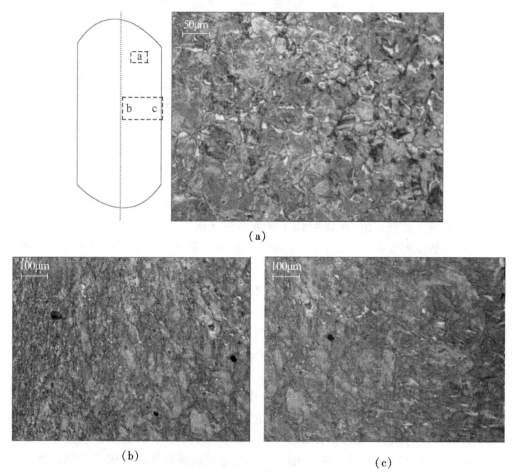

(a)

(b)　　　　　　　　　　　　　　(c)

图2-38　压缩试样不同位置的组织形貌

　　试样工艺为以10℃/s升温至1200℃，保温5min，然后以10℃/s冷却至900℃，保温

30s，压缩变形60%（至4.8mm），应变速率为0.001/s，淬火冷却至室温。凸起部分的组织为等轴状晶粒，晶界处为先共析铁素体（白色区域），含量较中间部位多，基体组织为马氏体。图3-28b、c两图为从边界到中心的组织演变，组织由边界处较为粗大的类等轴晶组织，向中间区域的纤维状组织转变。因此可以判定试样的变形量最大的部位为中心线区，变形量最小的为边界处的表面区。后续的组织观察部位，除特殊说明外，均为图2-38b位置的组织形貌。

3）变形温度及变形速率对组织的影响

图2-39中组织均取于试样厚度方向的中心部位，从晶界周围析出的诱变共析铁素体可以看到晶粒被严重挤压变形。应变速率与先共析铁素体的析出不是正相关关系，而是在0.1/s时存在析出量体积分数的最大值。说明在同一温度下，不同应变速率导致的先共析铁素体的诱变析出不仅只受限于元素扩散的影响，而且应变速率的增加在此温度下引起的加工硬化较大，为铁素体的诱变析出提供能量（Chengwu，et al，2008）。因此，诱变先共析铁素体较先共析铁素体含有更高的合金元素含量（Azevedo，et al，2005），导致后续正火后的马氏体组织中仍含有少量未转变的铁素体（Dong，et al，2005）。

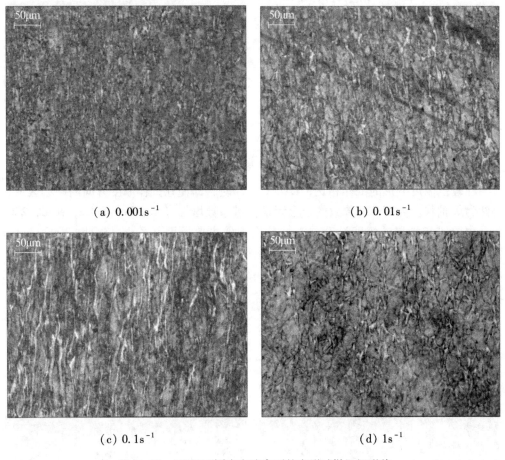

(a) 0.001s⁻¹   (b) 0.01s⁻¹

(c) 0.1s⁻¹   (d) 1s⁻¹

图2-39　900℃不同应变速率下的变形试样组织形貌

与900℃变形的试样相比，1050℃变形的组织中先共析铁素体量增加，马氏体组织减少，其他现象相同，如图2-40所示。

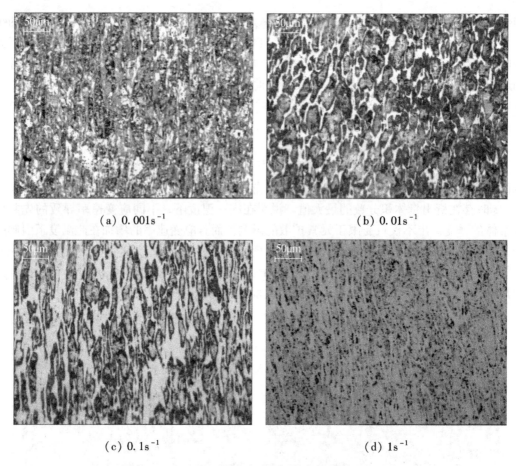

(a) 0.001s⁻¹   (b) 0.01s⁻¹

(c) 0.1s⁻¹   (d) 1s⁻¹

图 2 - 40   1050℃不同应变速率下的变形试样组织形貌

与在较低温度变形的试样相比，1200℃变形时，即使在试样厚度方向的中心区域，组织仍然为等轴状。温度升高导致的合金元素扩散系数增加（A. I. Fernandez，et al，2003），以及晶内位错和晶界的快速运动是等轴晶出现的主要原因（Park，et al，2009）。同时，应变速率的增加在此温度下引起的加工硬化很小（Beladi，et al，2004）。也正是以上原因，并没有使得诱变先共析铁素体的体积分数增加，反而比 1050℃变形时组织中的含量减少。如图 2 -41 所示。

(a) 0.001s⁻¹   (b) 0.1s⁻¹

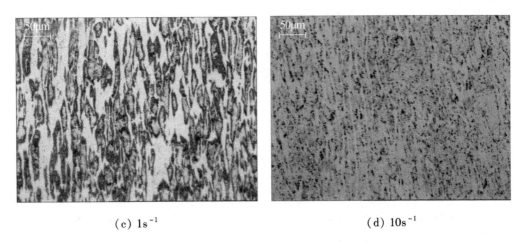

(c) 1s⁻¹   (d) 10s⁻¹

图 2 - 41　1200℃不同应变速率下的变形试样组织形貌

4）弛豫时间对组织的影响

是组织中析出相开始明显析出的温度，而 800℃和 750℃是不同析出相大量析出的鼻尖温度。本书在 900 ~ 600℃ 之间进行了详尽的实验研究。试样经 900℃、830℃、750℃的单道次变形后水冷至室温以保持变形完成瞬间的组织，光学显微组织显示 900℃变形的组织中含有少量的先共析铁素体，而后两者组织均为全马氏体。而试样经

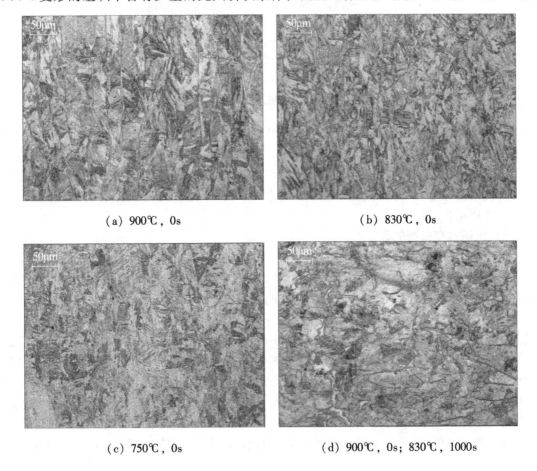

(a) 900℃，0s   (b) 830℃，0s

(c) 750℃，0s   (d) 900℃，0s；830℃，1000s

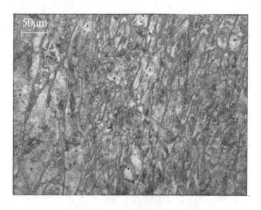 

(e) 900℃，0s；750℃，1000s　　　　　　(f) 900℃，400s；830℃，1000s

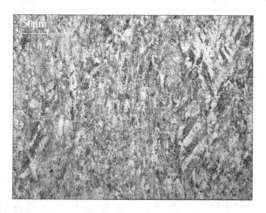

(g) 900℃，400s；750℃，1000s

图2-42　应变速率为0.1/s，不同应变温度及弛豫时间下的组织形态

900℃变形30%后随即在830℃、750℃进行第二次变形，总变形量达到50%，此时晶界处含有少量的铁素体，晶粒得到进一步细化。当试样经900℃变形30%后，弛豫400s为组织回复和析出相析出提供条件，随即在830℃、750℃进行第二次变形，总变形量也达到50%。此时晶界处网状铁素体基本消失，合金元素在较高温度下均匀扩散，组织细化，如图2-42所示。

5）组织演变模型的确立

从上述组织演变结果可以看出，随变形条件的变化，组织的演变复杂多样。但所有的组织形态都可用图2-36所示的三种典型组织组成。因此，只要深入了解这三种组织的形成原因及过程即可掌握所有变形条件下组织的演变规律。

NS钢在热变形过程中同时存在多种软化机制竞争，如动态回复、诱导相变、动态再结晶、准动态再结晶等，导致多种组织特征的形成。如上所述，动态再结晶与动态回复是互补关系，当动态回复消耗大部分的储能时，动态再结晶则由于储能不足而无法发生（Hong，et al，2002）。如对于体心立方金属，由于其具有较高的层错能，在变形过程中以位错积累形式的储能大部分被动态回复消耗，因而体心立方金属不容易发生动态再结晶（Dehghan-Manshadi，et al，2008）。但是NS钢在较大范围的变形条件下，动态再结晶都会发生，即使在动态再结晶前，动态回复及诱导相变已消耗大量的储能（Zhou，et al，2008）。

在低 Z 值变形条件下（高温度，低应变速率），如在1200℃变形时，动态再结晶晶粒通过原奥氏体晶界"鼓包"形式快速形核（Kostka, et al, 2007, Chengwu, et al, 2008）。一旦变形过程中的位错密度达到足够大，可以是新晶粒形核并长大时，原奥氏体晶界上的锯齿和鼓包便快速长大（Dong, et al, 2005）。但是诱变铁素体晶粒也在原奥氏体晶界上形核，因为晶界上存在大量的晶格缺陷，如位错、空位、间隙原子及层错等。这些晶格缺陷会增加铁素体形核的位置，进而加速诱导相变的发生（Azevedo, et al, 2005）。一些研究人员在研究低合金高强钢、C-Mn-V 钢、304L 不锈钢（Soenen, et al, 2004）变形行为时发现，当变形达到一临界应变量时，诱导相变便会发生。且该临界应变量会随着原奥氏体晶粒的细化而显著降低。显然，在 NS 钢中，诱导相变铁素体形核及长大方式与上述提到的钢相似，如图 2-43 所示。

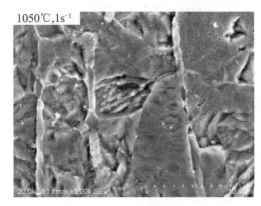

（a）1050℃，应变速率 1s⁻¹

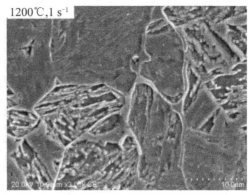

（b）1200℃，应变速率 1s⁻¹

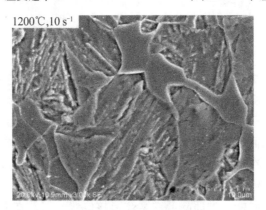

（c）1200℃，应变速率 10s⁻¹

图 2-43　NS 钢在不同变形条件下诱导相变铁素体的形核及长大

如曲线分析部分所述，诱导相变发生在动态再结晶之前，因此在低 Z 值的变形条件下，在变形达到动态再结晶的临界应变量之前，诱导相变铁素体晶粒已经长大成球形，如图 2-43a 所示。随着应变量的增加，已形核的晶粒开始长大，同时新的诱变铁素体晶粒及动态再结晶晶粒在原奥氏体晶界及晶粒内部不断形核并长大。当变形结束，即应变量达到 1.2 时，动态再结晶晶粒长大成等轴晶，而诱导铁素体晶粒长成多边形状。

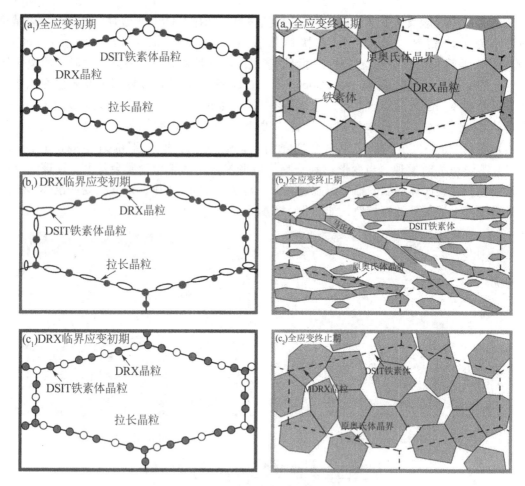

图2-44 不同变形条件下组织演变示意图

等轴晶组织只在低Z值的变形条件下形成，因为只有低Z值变形条件满足等轴晶形成的必需条件，如足够高的动态再结晶形核率、足够高的动态再结晶及诱变铁素体晶粒长大速率。在低Z值条件下，细小及中等尺寸的粒子基本消失，而它们可以显著降低动态回复，稳定亚结构，降低动态再结晶的形核，钉扎晶界。因此，粒子的急剧降低极大地促进动态再结晶的形核。在高温时，Nb、C、V、N等原子的固溶量会显著增加，尤其是Nb的固溶量，会推迟诱变铁素体的形核（Chengwu, et al, 2008）。因为固溶态的Nb原子会在晶界上偏聚，减低晶界能，进而降低铁素体形核位置。但是在NS钢的变形过程中，由于诱变铁素体的形核率在所有变形条件下都非常低，因此铁素体形核率对铁素体的体积分数贡献不大，而铁素体晶粒的长大速率是影响铁素体体积分数的主要因素。在1200℃变形时，形成的诱变铁素体有较高的自由能，可为铁素体的长大甚至是向奥氏体晶内长大提供足够的能量。

因此，图2-44a中的组织为马氏体晶粒为细小等轴晶，而铁素体晶粒为多边形状且分布在马氏体的周围。一般情况下，铁素体很难发生动态再结晶，因为铁素体为体心立方结构，层错能较高。不全位错间存在间隔，因而位错的交叉滑移和攀移很难进行（王从曾，2007）。这意味着位错难以通过障碍，导致晶粒扭转很难发生。而动态回复过程中产生的亚结构间位相差增加至一临界值后相互之间发生扭转，动态再结晶发生。因此，在层错能较高时，动态再结晶很难发生，即诱导铁素体很难发生动态再结晶。

随着 Z 值升高，如1050℃，应变速率 $10^{-1}\,\mathrm{s}^{-1}$ 时，铁素体长大速率降低。因此在动态再结晶开始时，诱变铁素体在原奥氏体晶界上长成椭圆形，而未成圆形。随着应变量的增加，动态再结晶不断发生。但由于温度降低，铁素体的长大速率急剧降低。因此，当应变量达到1.2时，组织演变为长条状的诱变铁素体和略等轴马氏体的双相组织。示意图如图2-44b 所示，显微组织如图2-44b 所示。造成该组织形态的主要原因是诱变铁素体晶粒和动态再结晶晶粒不同的长大速率。因为在该条件下变形时，温度可以保证铁素体晶粒的生长，而且足够动态再结晶晶粒的形核，但无法保证动态再结晶晶粒的长大。如上所述，在本书中，设计的所有的变形条件下，NS 钢的诱导铁素体形核率很小（Zhang, et al, 2014）。因此，铁素体的生长速率决定着组织中铁素体的体积分数。不像低合金高强钢，NS 钢中碳的质量分数只有0.02%，而碳是缩小铁素体相区的最有效元素。因此，低的碳含量为铁素体的诱导析出提供了很好的机会。但同时 NS 钢中含有的9% Cr，会抑制铁素体形核，因为 Cr 是稳定铁素体相区的非常有效的元素。以上所有的因素综合作用，导致组织为带状铁素体晶粒和略等轴状的马氏体晶粒。

与1200℃，应变速率 $10^{-3}\,\mathrm{s}^{-1}$ 条件下的组织相比，900℃，应变速率 $10^{0}\,\mathrm{s}^{-1}$ 条件变形时，组织中的马氏体晶粒更加细小。如上分析，在温度较高时，动态再结晶的临界应变较低。基于该理论，当变形温度较高时，得到的晶粒应该较小。但图2-44c 的组织却比图2-44a 的组织细小。为了解释这种现象，还需要考虑到以下几种理论（McQueen, et al, 1995）：应力-应变曲线中的多个应力峰的出现；准动态再结晶行为；应变速率及应变诱导析出相。首先，当应力-应变曲线中出现多个应力峰时，动态再结晶发生后的晶粒随着每个应力峰后初始平均晶粒尺寸的降低而粗化。而动态再结晶后晶粒的平均尺寸取决于初始平均晶粒尺寸。而在1200℃，应变速率 $10^{-3}\,\mathrm{s}^{-1}$ 条件下，应力曲线出现了多个应力峰，因此，该条件下的晶粒尺寸略大。另外，一旦应变超过临界应变量而小于稳态应变量时，准动态再结晶主导着后续动态软化。由于900℃的稳态应变小于1200℃时的稳态应变，因此准动态再结晶在900℃变形时开始得较"早"，故而其细化晶粒更加有效。与此同时，准动态再结晶的动力主要依赖于应变速率，而温度的影响较小。也就是说，准动态再结晶晶粒尺寸依赖于 Z 参数，且随 Z 值的增加而降低。因此，当在应变速率较高的条件下（ $10^{0}\,\mathrm{s}^{-1}$ ）变形时，准动态再结晶细化晶粒的效果较低应变速率（ $10^{-3}\,\mathrm{s}^{-1}$ ）时，更加明显。

基于以上理论，组织在900℃变形时的演变如图2-44c 所示。与其他两个变形条件不同，在该变形条件下，温度因素极大地限制了诱变铁素体晶粒及动态再结晶晶粒的长大。因此，当达到动态再结晶临界应变量时，诱变铁素体晶粒基本没有变化。当应变达到1.2时，形成动态再结晶晶粒和一些马氏体-铁素体混合组织。且马氏体-铁素体混合组织中没有明显的相界。但是，该变形条件却适合准动态再结晶过程的进行，进而形成等轴马氏体晶粒。

具体而言，是不断增加的硬化延迟了动态再结晶形核。随着应变速率的增加，硬化会向形成的晶核中带入额外的位错。因此，形核需要更大的跨过晶界的应变能梯度和更小的晶粒尺寸（A. I. Fernandez, et al, 2003）。但是应变速率的增加同时提高了由位错攀移引起的应变的比例，而位错攀移会增加层错能。而且，一旦加速动态再结晶开始，位错攀移会加速它的进行（Dutta, et al, 2003）。这解释了在较高应变速率，如在 $10^0 s^{-1}$ 下变形时，组织中更加细小的动态再结晶晶粒的原因。

由于试样全部在 1200℃ 下加热了 5min，然后冷却至不同的变形温度，且变形量均为50%。因此，初始晶粒尺寸及应变量对诱导铁素体的形成行为的影响相同。但应变诱导析出相却对铁素体形核位置有积极贡献。诱导析出相对温度和应变速率都很敏感。当在较低温度下变形时，如 900℃，大量的变形诱导析出相析出，如图 2-45 所示。因为 900℃ 在 NbX 粒子的鼻尖析出温度附近，析出相可以作为铁素体形核的位置，增加位错产生速率，阻碍位错的滑移，因此加速诱变铁素体的形成。这也是为什么诱导铁素体在 900℃ 更为细小的原因。但由于温度较低，铁素体长大速率很小，因此，导致铁素体的体积分数很少。

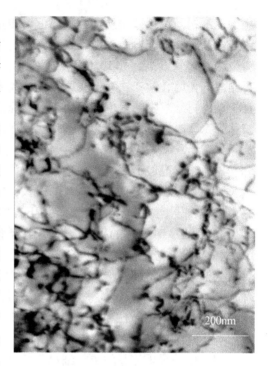

图 2-45 在 1050℃，$10^{-3}s^{-1}$ 条件下应变诱导析出的析出相

2.2.4 小结

（1）动态回复开始及结束的应变可以分别通过定位 $\partial\theta/\partial\sigma$ 最大值及 $\partial(\partial\theta/\partial\sigma)/\partial\sigma$ 接近零值准确确定。动态再结晶发生的条件：最小能量消耗率及临界应变可以通过定位 $\partial\theta/\partial\sigma$ 最小值而精确定位。根据各软化机制开始位置可将应力峰值之前的应力-应变曲线分成四个区域：加工硬化区、动态回复软化区、诱导相变软化区及动态再结晶软化区。

（2）临界应变-临界应力之间存在线性关系，但随着 Z 值的增加，出现两个比值。实验证明该现象与变形过程中诱导相变的辅助软化有关。同时临界应变与峰值应变之间存在非常严格的线性关系。且在 Z 值较小时，$\ln\varepsilon_0$ 随 $\ln Z$ 值升高线性增加，但是当 $\ln Z$ 值增加到 40 左右时，$\ln\varepsilon_0$ 上升的速率减缓达到极大值后开始回落，随后基本保持一稳定值。但 $\ln\sigma_0$ 随 Z 值的增加一直增加，只是在 $\ln Z$ 值增加到 40 左右时，增加的速率降低。

（3）低 Z 条件下，动态再结晶及诱导相变的快速进行导致近等轴晶组织。随着 Z 值增加，动态再结晶及诱导相变形核过程减慢，但诱导相变铁素体的长大速度较大，形成条状铁素体和马氏体组织。同时铁素体的长大消耗了大部分的储存能，使其成为维持良好加工性的主要因素。但当 Z 值继续增加时，动态再结晶和诱导铁素体晶粒的长大速率也大幅降低，但准动态再结晶发生，使得动态再结晶晶粒快速长大，导致铁素体和马氏体的混合晶组织的出现。

（4）热加工图可以分为三个区域，分别代表三个不同水平的加工能力：超塑性加工区、很高的能耗系数、对应等轴晶组织。在可加工区，较高能耗系数对应带状铁素体及近等轴马氏体组织；在难加工区，低能耗系数对应铁素体和马氏体混合晶组织。

2.3 多尺度碳氮化物强化马氏体耐热钢形变过程中析出相演变

2.3.1 前言

位错可以通过绕过机制、攀移机制或体扩散等方式越过析出物，高温蠕变时主要是通过攀移、体扩散来进行，位错与析出相之间的相互作用取决于位错越过析出相所需时间最短的那一种机制（张俊善，2007）。位错攀移过第二相时所需时间 t_c 如式（2-28）（Yong，2006）所示：

$$t_c = \frac{bkTr}{D_v \Omega \tau}$$ （2-28）

Srolovitz 给出了通过体扩散使第二相与位错之间的相互作用达到平衡状态时所需的时间 t_a：

$$t_a = \frac{3(1-\gamma)r^2 kT}{2ED_v \Omega \tau}$$ （2-29）

Srolovitz 公式中没有考虑到基体和弥散的第二相在弹性模量上的差异。鉴于此，Onaka 对 Srolovitz 公式进行了改进，得到 t_a^*：

$$t_a^* = \frac{1}{4} \frac{r^2 kT}{D_v \Omega} \frac{G^*(1+\gamma^*) + 2G(1-2\gamma^2)}{GG^*(1+\gamma^*)}$$ （2-30）

式中，b 为柏氏矢量，0.247nm；r 是析出物半径，nm；k 是玻尔兹曼常数，1.38×10^{-23} J/mol；T 为热力学温度，K；D_v 为体扩散系数，$4.7\exp(-40550/T)$，m^2/s；Ω 为原子体积，$0.041nm^3$；τ 为剪应力，600℃时为150MPa；γ 为泊松比，0.35；E 为弹性模量，600℃时为168GPa；G^*、γ^* 分别为第二相的切变模量及泊松比。

表 2-5 600℃时的 t_c，t_a，t_a^*

第二相	G^*/GPa	γ^*	t_a^*/s	t_a/s	t_c/s
VC0.87	160	0.32	33		
VC0.84	174.6	0.19	37		
VC0.83	154.4	0.227	37	39	410
NbC0.99	189	0.24	35		
NbC0.98	193	0.243	35		
NbC0.97	217	0.21	35		

式（2-29）和式（2-30）计算出的结果均表明，在长时蠕变条件下，通过体扩散使第二相与位错之间达到平衡状态所需时间最短，此时第二相与位错之间的相互吸引力为析出相强化的主要机制。Scattergood 和 Bacon 给出了球形颗粒与刃型位错之间的吸引力 σ_a，如式（2-31）所示：

$$\sigma_a = \frac{MEb}{4\pi(1+\gamma)\lambda}\left(1 - \frac{1}{1-\gamma}\sin^2 19°\right)\left(\ln\frac{h}{r_0} + 0.7\right)$$ （2-31）

式中，M 为泰勒系数，2.5；h 为 λ 和 $2r_s$ 的调和平均数；λ 为析出相平均间距，$\lambda =$

$1.25n_s - 0.5 - 2r_s$，n_s 为析出物密度，r_s 为析出相平均半径；r_0 为外部切割半径，$r_0 = 5b$。

因此，在保证一定体积分数析出相的同时，增大析出相的尺寸，可以增加位错攀移过析出相所需时间；而减小析出相之间的间距，可以提高蠕变强度。本实验主要是通过诱变铁素体中合金元素的过饱和及高扩散速率的特点（Dong, et al, 2005），使铁素体在析出相的鼻尖析出温度弛豫一定时间而获得大量诱变析出相，为后续热处理过程中的异质形核提供形核剂（张文凤, et al, 2013）。因为铁素体中的合金元素固溶量小于奥氏体中的含量，且合金元素在铁素体中的扩散系数高于在奥氏体中，因而高温下诱变铁素体中更利于析出相的诱导析出及长大（Advani, et al, 1991），铁素体的分布及形态决定着诱导析出相的分布。因此，可以通过控制诱变铁素体的含量及分布来调整诱变析出相的分布及体积分数。

在前面研究的基础上选择最佳的诱变铁素体的含量及分布（含量在50%，与奥氏体相间分布），通过控制弛豫时间，进而调整析出相的类型、分布及尺寸。同时为后续热处理过程中析出相的异质形核提供前提条件。

2.3.2 实验材料及实验方法

实验材料为 NS 钢，为研究析出相的析出行为，本研究设计了三个变形工艺，如图2-46所示。

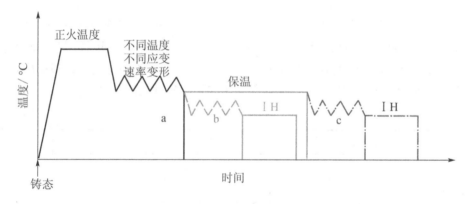

图2-46 变形工艺图

工艺 a（实线）；工艺 b（虚线）；工艺 c（点线）

图中工艺 a 是研究连续变形后弛豫过程中析出相的析出行为，工艺 b 是研究变温连续变形后弛豫过程中析出相的析出行为，工艺 c 是研究变温非连续变形后弛豫过程中析出相的析出行为。

光学显微镜组织观察、扫描电镜组织观察及透射电镜组织观察的样品制备与第2.2.2.1节相同。XRD 试样研磨至2000#砂纸，然后在 D/MAX2400 型 X - Ray 衍射仪上进行测试。

2.3.3 实验结果及分析

2.3.3.1 变形过程中析出相的析出行为

如第2.2.3节提到的，在连续变形过程中，析出相发生应变诱导析出，析出相的形貌如图 2-47 所示。但是析出相的诱导析出不仅与变形条件有关，还与变形过程中的组织演变有关（Advani, et al, 1991）。不同的组织析出相的析出行为不同，如图 2-47 所示。如当变形过程中发生诱导铁素体相变时，由于铁素体中的合金元素固溶量小于奥氏体中的含量，而合金元素在铁素体中的扩散系数却是在奥氏体中的好多倍（Dutta, et al, 1992）。因而高温下诱变铁素体中更利于析出相的诱导析出及长大，同时铁素体的分布决定着诱导析出相的分布，如图 2-48 所示。由于随 Z 值的变化，组织的演变十分复杂，如图 2-49 所示，而对应的析出相如图 2-50 所示。

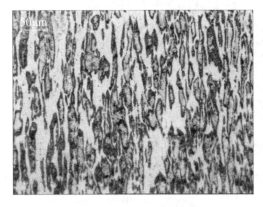

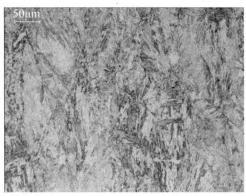

（a）条状铁素体和近等轴马氏体　　　　　　　　（b）马氏体

图 2-47　不同组织的光学显微镜照片

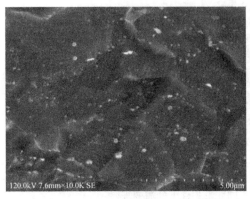

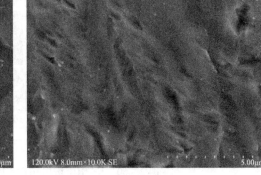

（a）铁素体中的析出相　　　　　　　　（b）马氏体中的析出相

图 2-48　不同组织中的诱导析出相

因此，根据不同 Z 值条件下组织的演变规律，通过控制变形条件，在保证变形稳定性及调控组织同时，可以通过调整组织中铁素体的分布、含量及形状来调控诱导析出相的位置和含量。但由于变形过程的时间很短，诱导析出相来不及大量析出，因此为获得较大体积分数或较大尺寸的析出相，需要在变形后进行弛豫处理，从而为析出相的析出提供足够的时间和最佳析出温度。

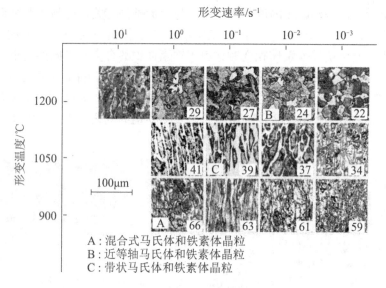

图 2-49　NS 钢在不同变形条件下的组织演变

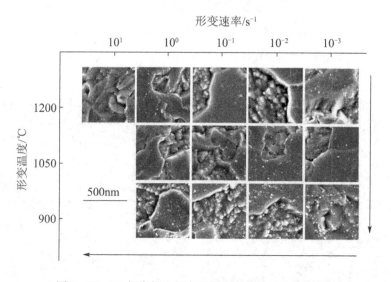

图 2-50　NS 钢中析出相在不同变形条件下的演变规律

2.3.3.2　弛豫过程中析出相开始析出位置的确定

文献中主要使用拐点法来界定析出相开始析出的时间（Liu, et al, 1988; Liu, et al, 1988; Djahazi, et al, 1992）。他们认为，在弛豫（变形完成后，在变形温度保温一定时间）过程中，应力曲线斜率发生改变的点为析出的开始时间。但斜率发生改变时，析出相的析出量要达到一定的数量，才能抵制应力的快速降低（Dutta, et al, 2001）。而且，在弛豫过程中，大部分钢的组织会发生转变，如静态再结晶、诱变铁素体长大等加速组织软化（Fahr, 1971）。它们引起的储能变化远远大于析出相在这方面的作用，导致由析出相引起的储能的变化无法辨认出（Hin, et al, 2008）。因此，实际上析出相开始在晶界或局部区域开始析出时，虽然不足以抵制应力的快速降低，但却可以使应力在瞬间升高，但由于含量很少且分布集中，导致应力快速回复到原来的水平（Zhou, et al, 2008）。因此，为了更准确地确定析出相的开始析出位置，尤其是类似9Cr耐热钢那样的析出相对应力弛豫曲线影响不明显的钢种，本书进行了详细分析。

在弛豫曲线中，尤其是非连续变形的弛豫曲线中，大部分出现了应力突增点。且在应力突增之前出现大量的应力波状起伏，与P91钢（王望根，et al，2013）的拉伸曲线中动态时效波动相同，如图2-51所示。以工艺c中900℃，0s；860℃，1000s（在900℃先变形30%，弛豫0s后冷却至860℃，变形30%后在860℃弛豫1000s）变形条件下的弛豫曲线为例，对动态应变时效导致的应力波动进行了分析。

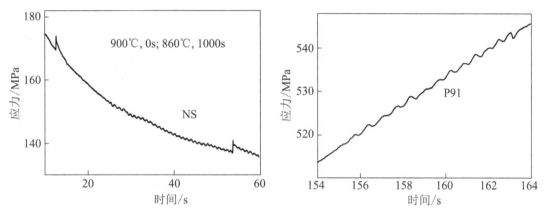

图2-51 NS钢弛豫曲线及P91钢拉伸曲线中的动态应变时效导致的应力曲线的变化

由于动态应变时效是扩散的溶质原子与运动的位错发生交互作用的结果（Allain，et al，2011），因此，基体中固溶原子的含量增加及位错密度的增加会导致动态应变时效效应的增强。当固溶原子在较高的温度下以足够的速率扩散并形成某种饱和的溶质原子气团钉扎住运动的位错时，那么要使受钉扎的位错挣脱溶质原子气团的束缚而继续向前运动，必需增大外加应力（Almeida，et al，1998）。溶质原子气团钉扎和脱钉的反复进行，导致了应力的波浪形变化（Chai，et al，2013）。弛豫曲线中出现了两种应力波动，一种是突发性应力升高，一种是波浪形应力升高。首先对应力曲线中两种波形变化进行分析，如图2-52所示。可以看出，随着波浪形应力浮动的降低和升高，分别对应于温度脉冲中的高温（保温）和低温（脉冲加热过程）两个过程，如图中的A和B区间。由于在金属的塑性变形过程中，位错的运动并不是连续的，它们在运动时将被暂时阻挡在障碍物（溶质原子气团）之前，等待热激活以克服障碍物，因此溶质原子气团阻碍位错运动是热激活型的（Gündüz，2008）。当其阻碍位错运动时，是需要耗能的（潘金生，et al，2011），即对应于加热过程；当位错越过它后，温度便维持在一恒定值，即保温过程。但在应力突增发生时，却对应于温度的高温区，如图中所示的C区。因此，应力突增与前面的波浪形应力变化是由不同的原因引起的。应力突增是非耗能过程或位错越过该障碍物时所需的热激活能和该障碍物形成过程中释放的能量相抵消。综上所述，位错的运动是不连续的，当其在障碍物前等待热激活的时间内，大量的溶质原子气团向位错偏聚。同时，Nb等合金元素与空位形成的复合体也向位错快速扩散。当复合体遇到位错后，空位消失（位错是空位湮没的理想位置），Nb等合金原子的扩散系数急剧降低，导致Nb在位错上的偏聚（Militzer，et al，1994）。当Nb与柯氏气团中的C、N等原子在位错处过饱和时，形成Nb（C，N），同时释放能量。而位错越过析出相所需的能量要远远高于固溶原子的拖拽效应（Sun, et al, 1993），因此导致应力的突增，同时温度处于保温态。即弛豫曲线中应力的突增位置可以认为是析出相的开始析出位置。

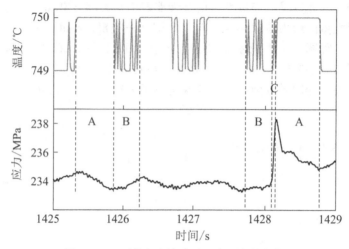

图 2-52 两种应力波动过程中温度的变化

本书对 NS 钢弛豫曲线中波浪型应力波动与 P91 钢拉伸曲线（王望根, et al, 2013）中的应力波动做了详细分析比较，发现弛豫曲线抽离基线后，计算所选的 12 个应力波对应的总冲量为 5.64，平均每个应力波的冲量为 0.47，如图 2-53 所示。而 P91 钢选择的 13 个应力波的总冲量为 3.52，平均每个应力波的冲量为 0.27，如图 2-54 所示。每个应力波对应的时间是位错等待热激活的时间及越过障碍所需的时间的总和。因此，应力波冲量越大，说明动态应变时效作用越大（Zhao, et al, 2012）。NS 钢在弛豫过程中，其动态时效作用远高于 P91 钢拉伸过程中的动态应变时效效果。原因是 P91 钢的拉伸试样经过正火及回火处理后，组织中的合金元素，尤其是 C、N 等动态应变时效作用最强的元素，大部分以析出相形式存在，因而其动态应变效应较弱。而 NS 钢的弛豫试样经过了 1200℃ 均匀化，合金元素大部分以固溶态存在，因而其动态应变效应强烈。

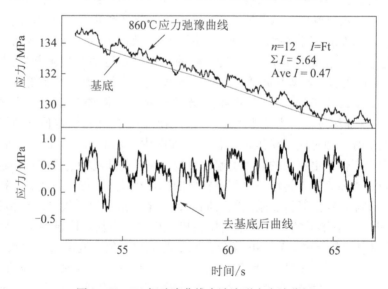

图 2-53 NS 钢弛豫曲线中波浪形应力波分析

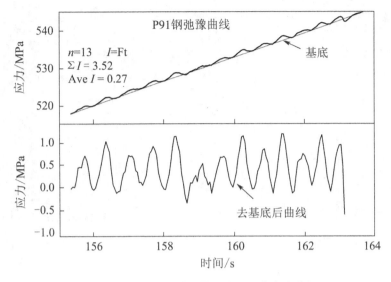

图 2-54　P91 钢拉伸曲线中波浪形应力波分析

2.3.3.3　等温连续变形后弛豫过程中析出相的析出行为

　　所有试样以 10℃/s 升温至 1200℃，保温 5min。以 10℃/s 冷却至不同的变形温度，保温 60s；压缩变形 30%，应变速率为 0.1/s；弛豫时间 1000s，水冷至室温。由于所有的试样组织中都有先共析铁素体，因此，斜率拐点法在本实验中不可靠。在连续变形后的弛豫曲线中，只有 940℃的弛豫曲线中出现应力的突增点，如图 2-55 所示，其余的曲线均未出现。说明该钢在 940℃变形后的弛豫过程中有一种析出相析出，且其最佳析出温度（鼻尖温度）为 940℃。但由于变形量太小，未能达到析出相诱变析出所需要的临界能量，导致在该变形工艺下，在其他温度变形后弛豫时，无析出相的析出。

　　对 940℃弛豫 1000s 的试样进行透射电镜观察，观察到的析出相形貌如图 2-56 所示。析出相为球状，尺寸在 10nm 左右，由于析出相的数量较少，因此只捕获到几个衍射面的斑点。当析出相［200］方向的衍射斑点隐隐出现时，也出现了铁素体基体在［110］方向上的斑点，但并未调正。通过对衍射斑点的标定，可以确定析出相为 MX 面心立方结构。结合变形及弛豫温度为 940℃，且钢中含有 Nb，因此在该温度下诱变析出的为 Nb 的碳氮化物。

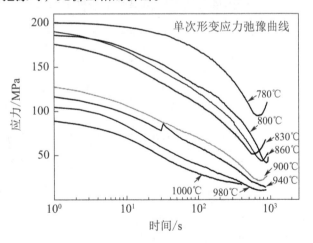

图 2-55　等温连续变形后的弛豫曲线

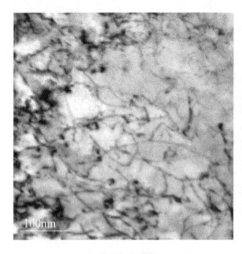

（a）TEM 形貌　　　　　　（b）衍射斑点，点标定的是马氏体基体，
　　　　　　　　　　　　　　　　圈标定的是 MX 析出相

图 2-56　900℃弛豫 1000s 试样中的析出相

2.3.3.4　变温连续变形后弛豫过程中析出相的析出行为

为了增加变形量，增加了 900℃的 30%变形，其余条件与单道次的变形相同，但在 900℃变形结束后，立即以 10℃/s 的冷却速率冷至不同的变形温度，保温 60s。总压缩变形量为 50%，应变速率为 0.1/s，变形后应力弛豫时间为 1000s，然后水冷至室温。应力弛豫曲线如图 2-57 所示，可见应力弛豫曲线中均出现了应力突增，且规律性很强。750℃的突增发生的最早，随着变形温度增高，应力突增发生的时间越晚，且发生的时间与弛豫温度成线性关系。后续一直以等差时间间隔出现。说明实验钢在 900℃初始变形后，为以 750℃为最佳析出温度的碳氮化物型析出相提供了最有利条件。或 900℃的变形为 750℃析出最多的析出相提供了最佳形核条件。

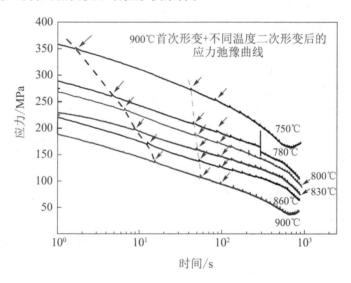

图 2-57　变温连续变形后不同温度的弛豫曲线

对750℃弛豫1000s的试样进行组织观察,形貌如图2-58所示。析出相的形状为球形,成分中除了Nb以外,也检测出少量的V。由于析出相尺寸非常小,因此在测得的成分中,大部分为基体的成分(表2-6),只有非常少量的析出相的成分被检测到。其中给出的结果是元素的原子含量。结合实验钢的成分,认为该析出相为(Nb,V)(C,N)。

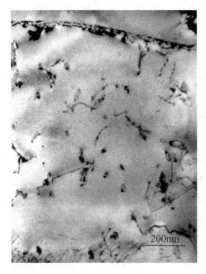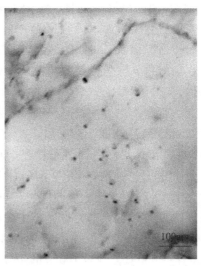

图2-58 750℃弛豫1000s试样中析出相的TEM形貌

表2-6 析出相化学成分

元素	Cr	Mn	Fe	V	Nb
质量分数/%	11.2	1.1	86.4	0.9	0.8

2.3.3.5 变温非连续变形后弛豫过程中析出相的析出行为

900℃的30%首变形后,在900℃弛豫一段时间,为固溶原子提供一定的时间扩散至位错处。同时由于动态应变时效,即使在变形结束后,也会有新位错的产生,且分布均匀(Soenen, et al, 2004),进而为析出相的析出提供一定的合金浓度梯度及形核位置。弛豫一定时间后,以10℃/s的冷却速率冷至不同的变形温度,保温60s。继续变形30%,应变速率为0.1/s,变形后应力弛豫时间为1000s,然后水冷至室温。应力弛豫曲线如图2-59所示,可以明显看到突增点组成了三个C曲线,后续的突增点依然持续存在,即使在应力又加速降低的部位。说明应

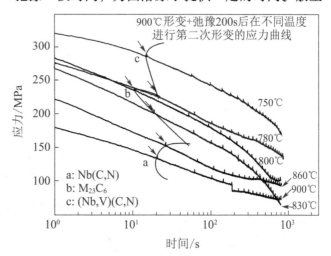

图2-59 NS钢经900℃首变形弛豫200~600s,
然后以相同冷速冷却至不同温度变形的弛豫曲线

力弛豫曲线的降低主要影响因素是组织的变化，析出相的影响只能是局部和微小的。相关文献也表明，即使弛豫到 4000s，析出相依然在长大。

根据应力突增的位置，可以确定有三种不同的析出相析出，鼻尖析出温度分别在 750℃、800℃ 及 940℃。对三个温度下变形的试样进行 XRD 分析，结果如图 2 – 60 所示。计算其（222）晶面的晶格畸变量，结果如表 2 – 7 所示。表中除纯铁外，1100℃，弛豫 0s（1100℃ 变形后弛豫 0s，水冷至室温）条件下变形试样中诱变析出相最小，可作为参考基数。由布拉格方程 $2d\sin\theta = \lambda$，及立方结构 $d = a/(h^2 + k^2 + l^2)^{1/2}$，可知面间距与晶格常数成正比，衍射角 θ 与晶格常数成反比。试样在 940℃，1000s 变形时，面间距的畸变量为 – 0.0019，与 1100℃，弛豫 0s 条件下的 – 0.0020 相比，间隙固溶原子（造成晶格畸变最显著）已大部分析出，使得晶格畸变量降低（Yong，2006）。由化学成分中的原子含量可知（表 2 – 7），若弛豫 1000s 后，Nb 全部析出，则只消耗掉 C + N 原子总数的约 1/7。大部分的 C 和 N 仍然以固溶态存在于基体中。而在 800℃，弛豫 1000s 的变形条件下，其相对于 1100℃，弛豫 0s 条件下的晶格畸变量为 0.005，是 940℃，弛豫 1000s 相对于 1100℃，弛豫 0s 时的 5 倍。说明即使在 800℃，1000s 的条件下，C 和 N 仍然没有完全析出，而有 30% 仍然以固溶态存在基体中。而在 750℃，弛豫 1000s 条件下，晶格畸变是 940℃，1000s 相对于 1100℃，弛豫 0s 时的 2 倍。即除了 Nb 外，在 750℃ 弛豫时，V 析出了约 1/5。试样在 800℃，弛豫 1000s 的条件下的析出相形貌如图 2 – 61 所示。根据形貌及衍射斑点标定、棒状形貌特点及能谱中较高 Cr 含量，可以确定在该温度下析出的是 $M_{23}C_6$。综上所述，在 750℃、800℃、940℃ 温度析出的析出相分别为 （Nb，V）（C，N）、$M_{23}C_6$、Nb（C，N）。

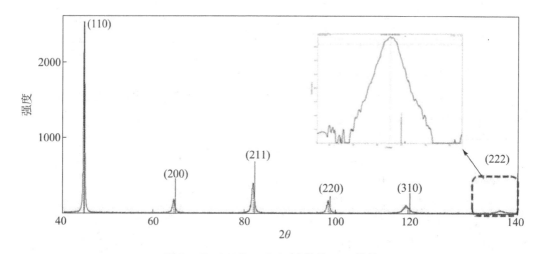

图 2 – 60　940℃，1000s 试样的 XRD 结果

嵌图为（222）晶面衍射峰内标法校正后的结果

表 2 – 7　不同条件变形下试样的晶格畸变量

样本	晶格常数 d	Δd	2θ	$\Delta 2\theta$
铁	0.8275		137.151	
1100℃，弛豫 0s	0.8295	– 0.0020	136.437	0.713

样本	晶格常数 d	Δd	2θ	$\Delta 2\theta$
940℃，弛豫 1000s	0.8293	-0.0019	136.496	0.655
800℃，弛豫 1000s	0.8290	-0.0015	136.611	0.539
750℃，弛豫 1000s	0.8293	-0.0018	136.520	0.631

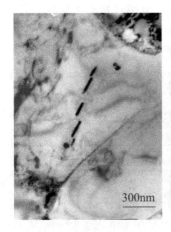

图 2 – 61　800℃弛豫 1000s 试样的析出相形貌及衍射斑点

　　除了研究变形温度和间歇弛豫时间对析出相析出行为的影响以外，还研究了其他因素对弛豫过程中析出相析出行为的影响，如变形量、初始变形温度等。变形量通过影响位错密度，进而影响位错节数量，即析出相的形核位置（Park，et al，2009；Liu，1995），最终影响析出相的析出行为。具体结果如图 2 – 62 所示。图中，900℃，0.3 表示在 900℃变形，变形量为 30%并弛豫 1000s 的应力曲线；900℃，0.5 表示在 900℃变形，变形量为 50%并弛豫 1000s 的应力曲线；1000℃，0s；900℃，0.5 表示在 1000℃首变形 30%，立即降温至 900℃，然后继续变形至总变形量 50%的弛豫 1000s 曲线；1000℃，200s；900℃，0.5 表示 1000℃首变形 30%，弛豫 200s 随即降温至 900℃，然后继续变形至总变形 50%的弛豫 1000s 曲线。可以看出，随变形量由 30%增加至 50%，析出相的开始析出时间由 34s 减小至 15s。

　　而初始变形温度通过影响该温度下组织形态，尤其是诱变铁素体分布及含量，最终影响析出相的分布及数量。如前所述，铁

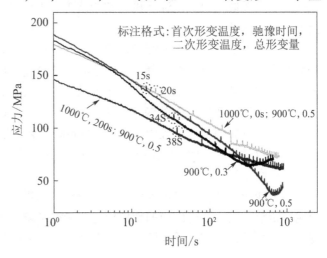

图 2 – 62　试样经不同条件变形后在 900℃
弛豫 1000s 的应力弛豫曲线

素体中合金元素固溶量较奥氏体中小很多，而在如此高的温度下，合金元素的扩散速率非常快，导致析出相在铁素体中大量形核，若间歇弛豫时间足够高，析出相会充分长大（Hin, et al, 2008；张文凤等，2013），如图 2 - 63 所示。但在变形初期，组织的变化，尤其是诱导铁素体的形成及长大消耗了大部分储能。因此，在发生铁素体大量诱导析出的变形温度下，在弛豫的初期，位错积累形式的储能大部分用来发生相变及组织细化（准动态再结晶、静态再结晶、析出相的少量析出等），析出相的析出被延后。因此，图 2 - 62 中 1000℃，200s；900℃，0.5 的弛豫曲线中析出相开始析出位置为 38s，迟于其他条件下析出相开始析出时间。但一旦铁素体长大结束，析出相便会大量形成并有效抑制组织的继续软化。因此，该条件下弛豫曲线降低的速率最慢。

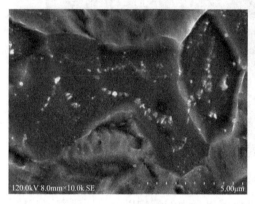
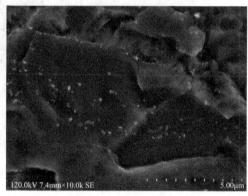

（a）1000℃，0s；900℃，0.5　　　　　　（b）1000℃，200s；900℃，0.5

图 2 - 63　不同变形条件下组织及析出相形貌

2.3.4　小结

（1）铁素体中的合金元素固溶量小于奥氏体中的含量，且合金元素在铁素体中的扩散系数高于奥氏体，因而高温下诱变铁素体更利于析出相的诱导析出及长大，铁素体的分布及形态决定诱导析出相的分布。而弛豫时间决定诱变析出相的尺寸。

（2）弛豫曲线中应力的突增位置确定为析出相开始析出位置。因为应力突增位置能量变化较小，它是析出相析出释放的能量与位错越过析出相消耗的能量总和。弛豫曲线中动态应变时效远高于 P91 钢拉伸曲线中的动态应变时效，归因于合金元素固溶量较多。

（3）在连续变形后的弛豫过程中，Nb（C，N）在 940℃变形并弛豫时大量析出；在变温连续变形后的弛豫过程中，$M_{23}C_6$ 在 800℃变形并弛豫时大量析出；在变温非连续变形后的弛豫过程中，除了上述两种析出相的析出外，在 750℃变形并弛豫时，（Nb，V）（C，N）大量析出。

（4）变形量及初始变形温度也影响析出相的析出行为。前者通过影响位错密度，进而影响位错节数量，即析出相的形核位置，最终影响析出相的析出行为；后者通过影响该温度下组织形态，尤其是诱变铁素体分布及含量，最终影响析出相的分布及数量。

2.4 多尺度碳氮化物强化马氏体耐热钢后续热处理过程中组织及析出相的演变

2.4.1 前言

热处理过程实质上是合金元素重新固溶入基体后再重新析出的过程，其中奥氏体化包括析出相在钢中的重溶及诱变铁素体和马氏体向奥氏体的转变，回火则主要指析出相的重新析出。

热变形后的热处理（正火+高温回火）是为了获得马氏体相变强化（位错强化和界面强化）、固溶强化和析出强化（Zhang, et al, 2011），进而使材料获得最佳的持久性能。正火的目的是为获得完全的奥氏体组织并在正火冷却后转变为完全的马氏体组织，利用切变型相变过程中在马氏体板条内部产生高密度的位错，增大高温回火时析出相的形核率和析出数量（Jung, et al, 2011）。但由于奥氏体化前，热变形后的 NS 钢组织为诱变铁素体及马氏体的双相组织，因此在奥氏体化过程中，奥氏体晶粒优先在马氏体/奥氏体相界上形核。随着时间的延长晶粒长大，部分析出相重溶入基体并均匀扩散（潘金生, et al, 2011）。故其奥氏体化温度或时间应略高于常规正火工艺参数。

回火工艺决定材料的最终组织状态和力学性能。对于耐热钢而言，高温回火有利于提高其组织稳定性，低温回火有利于提高其初始强化效果。通过提高初始强化效果、组织稳定性和基础蠕变强度，均可以有效提高耐热钢的持久性能（Charit, et al, 2008）。但是由于具有回火马氏体组织的 9%Cr 铁素体耐热钢的基础蠕变强度彼此相当（Palaparti, et al, 2013），且氮化物的析出温度高于碳化物形成温度（Zhang, et al, 2011），因此适当提高回火温度对提高组织稳定性有重要意义。但由于奥氏体化过程中存在未全部回溶的析出相，回火过程中析出相的异质形核，会形成成分和形状复杂的对持久性能有益的析出相（Tokuno, et al, 1991）。

因此，本节通过调整正火温度及时间改变未回溶的析出相的尺寸，通过调整回火工艺控制析出相的尺寸、形状及成分，最终提高组织稳定性，改善材料的蠕变性能。

2.4.2 实验材料及实验方法

2.4.2.1 材料制备

热处理工艺调整的试样为经过热变形及弛豫后的压缩试样，变形工艺及弛豫参数详见第 2.3.2 节。用于力学性能测试的试样为根据最佳热变形、弛豫及热处理参数设定的锻造、轧制工艺，具体参数如下：

真空冶炼的 NS 钢钢锭在 1200℃ 保温 2h 后开锻，开锻温度为 1150℃，终锻温度 890℃，最终锻造成截面为 90mm×60mm 的长方锭，锻造组织如图 2-64 所示。

图 2-64　NS 钢的锻造态组织

锻锭的 90mm 方向为轧制的变形方向，且在 $\phi 450mm \times 450mm$ 二辊异步型号的热轧机上进行轧制。轧制前锻锭随炉升温至 1200 保温 2h，以消除组织中浇注及锻造过程中形成的析出相，同时使合金元素均匀化。热轧工艺如表 2-8 所示。根据变形及弛豫过程中组织及析出相的演变规律，以及其在奥氏体化和回火过程中的变化，为获得多尺度的析出相，首变形温度控制在 1050℃ 左右，间隔弛豫 200s 后冷却至 940℃，进行最后变形，变形完成后弛豫 800s，空冷至室温。

表 2-8 调整后的轧制工艺

轧制道次	首次道				保温				终次道
道次变形量	90~68	68~52	52~40	40~32	40~32	3~26	26~21	21~17	17~13
变形温度	1100℃		1050℃	950℃	950℃/20min				850℃

2.4.2.2 力学性能测试

拉伸试样的加工参照 GB/T6397—1986"金属拉伸试验试样"将材料按照图 2-65 所示尺寸规格加工成拉伸试样（$d_0 = 5mm$，$l_0 = 5d_0 = 25mm$），并参照 GB/T228—1987"金属拉伸试验方法"在 SCHENCK-100KN

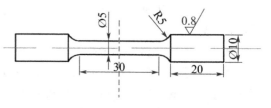

图 2-65 拉伸试样尺寸（mm）

型电液伺服拉伸试验机上进行测试，控制拉伸位移速率为 1mm/min，同步记录载荷-位移曲线，测试温度为室温。性能测试指标包括：抗拉强度（UTS）、屈服强度（YS）、延伸率（A）和断面收缩率（Z）。

参照 GB/T229—2007"金属材料—夏比摆锤冲击试验方法"将材料按照图 2-66 所示尺寸规格加工成长宽高为 $55mm \times 10mm \times 10mm$（全尺寸）的 V 型缺口冲击试样（缺口应有 45° 夹角，深度为 2mm，底部曲率半径为 0.25mm），在手动摆锤式冲击试验机上进行测试，测试温度分别为室温、-20℃、-40℃、-60℃。

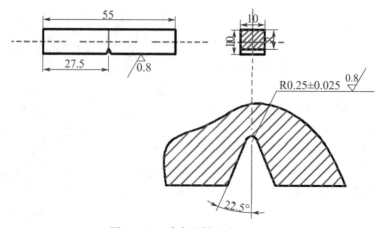

图 2-66 冲击试样尺寸（mm）

2.4.3 实验结果及分析

2.4.3.1 奥氏体化过程中的组织转变

热变形后的 NS 钢的奥氏体化过程，不仅涉及组织演变，同时还涉及诱导析出相的演变。由于在 $900 \sim 1200℃$ 变形过程中，均发生了动态诱导铁素体相变，因此在奥氏体化过程中，马氏体及诱变铁素体均发生奥氏体转变。充分奥氏体化后，空冷至室温，组织为单一马氏体组织，如图 2-67 所示。

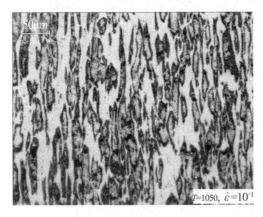 

（a）$1050℃$，$0.1s^{-1}$ 条件变形后的组织 （b）$1050℃$，$0.1s^{-1}$ 条件变形后经 $980℃$，
$90min$ 奥氏体化冷却至室温的组织

图 2-67 奥氏体体化前后组织变化

奥氏体化过程不仅是变形后试样组织向奥氏体的转变过程，也是奥氏体晶粒的长大过程。由于初始组织为诱变铁素体 + 马氏体组织，因此在加热过程中，奥氏体优先在相界面上形核。同时由于变形过程中铁素体中析出相的大量析出，使得马氏体中合金元素的固溶量较铁素体中相对要高，因此奥氏体晶粒优先向马氏体相晶粒方向长大（崔忠析，2003）。另外，由于奥氏体晶粒长大是由原子扩散决定的（Marchattiwar，et al，2013），而诱变铁素体向奥氏体转变时，需要足够的时间使元素充分扩散，导致奥氏体化的初始阶段，奥氏体晶粒大小分布不均匀，如图 2-68 所示。由于奥氏体晶粒的大小直接影响晶界的体积分数，但是高温条件下，晶界位置的原子扩散速度快，晶界附近易于发生择优蠕变现象，过小的晶粒尺寸将增加发生择优蠕变的区域面积（Palaparti，et al，2013）；而过大的晶粒尺寸又会导致蠕变时材料的变形协调性下降，同样使蠕变孔洞易于在晶界位置形核（Milović，et al，2013）。但本实验钢由于碳含量很少，质量分数只有 0.02%，使得晶界上较大尺寸的 $M_{23}C_6$ 颗粒很少，如图 2-68b 所示，蠕变时造成的蠕变空洞较少。因此，在高温和高应力下，即使实验钢的晶粒很小，晶界面积较大，也不会造成太严重的晶界蠕变损伤。

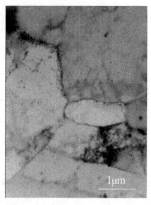

（a）光学照片   （b）TEM 照片

图 2-68　奥氏体化后造成的晶粒不均匀性

2.4.3.2　奥氏体化过程中的析出相转变

　　试样在奥氏体化过程中，除了组织的转变外，析出相也发生重溶现象，即变形过程中诱变析出的析出相在高温保温过程中重新溶入基体。由于析出相在奥氏体中的固溶度积及析出相的组成元素的扩散系数不同，导致在相同的时间内，不同的析出相重新固溶入基体的含量不同。如 NbN 在奥氏体中的固溶度积（Yong，2006）为 $\lg\{[Nb][N]\}_\gamma = 4.20 - 10\,000/T$，VC 为 $\lg\{[V][C]\}_\alpha = 2.45 - 7830/T$，$M_{23}C_6$ 为 $\lg\{[Cr][C]^{6/23}\}_\alpha = 84 + 18\,167/T$，即 $NbN < VC < M_{23}C_6$。与此同时，析出相在奥氏体中的溶解量虽然与保温时间无明显关系，但随着时间的延长，析出相在奥氏体中的固溶量趋近于平衡态的含量。即控制保温时间可以控制合金元素在基体中分布的均匀度。因此，在相同温度下（980℃）保温一定时间（30min）后，NbN 部分溶解，VC、$M_{23}C_6$ 全部固溶回基体中，如图 2-69 所示。通过控制奥氏体化温度及保温时间，可以控制析出相的重新固溶量及未溶粒子的体积分数。

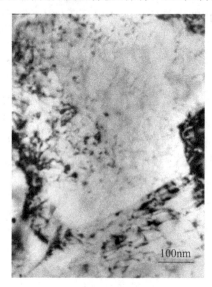
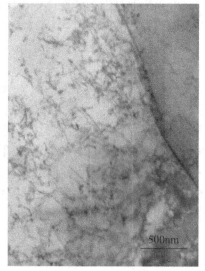

（a）变形试样中   （b）奥氏体化试样中

图 2-69　析出相在不同条件下的特征

变形过程中，在三个不同鼻尖温度诱导析出的析出相，由于其在奥氏体中的固溶度积不同，在奥氏体化过程中重溶入基体的含量也不同。重溶量最少的 Nb（C，N）经奥氏体化后，大部分仍然以颗粒形式存在于基体中，为后续回火过程中析出相的重新析出提供了形核剂，即为析出相的非均匀形核提供了形核剂，促进了析出相的快速析出。而 VC、$M_{23}C_6$ 则全部重溶，且由于奥氏体化时间较长，因此这两种诱导析出相对后续回火过程中析出相的重新析出无显著作用。

2.4.3.3　回火对组织及析出相的调整

NS 钢经锻造、轧制后，在 980℃奥氏体化 30min，空冷至室温。本章重点研究了 650℃、700℃及 750℃温度下回火时组织的变化及其对瞬时力学性能的影响。

试样经 650℃回火后，组织中几乎无析出相析出，如图 2 - 70a 所示。但是当回火温度升高至 700℃时，组织中出现了大量的尺寸小于 20nm 的析出相，如图 2 - 70b 所示。随着回火温度的继续升高，当回火温度达到 750℃时，析出相数量进一步增加，且纳米级的析出相表现出更加清晰的轮廓。即此时的析出相已长大至与基体部分脱离共格关系。由于钢中的氮含量较高，而氮化物的最佳析出温度为 750℃，高于碳化物析出温度（Hara，et al，1997）。因此，该钢在 750℃回火时，析出大量的氮化物或碳氮化物复杂相，如图 2 - 70c 及图 2 - 71 所示。其中图 2 - 71 为透射电镜观察到的形貌。

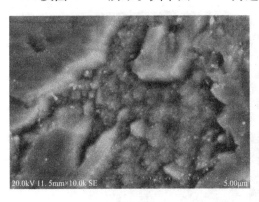

(a) 650℃

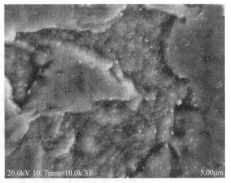

(b) 700℃

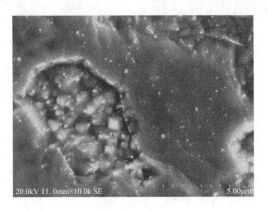

(c) 750℃

图 2 - 70　NS 钢的回火组织形貌

由于实验钢中含有少量的碳，因此析出相为碳氮化物。由于奥氏体化过程中形成的未溶析出相可以作为回火过程中的形核剂，因此为非均质形核提供了条件。为了保证氮的充分析出，保证材料的韧性，回火温度仍然控制在750℃。实验钢经 750℃ 回火 90min 后，析出相的变化如图 2-72 所示。

析出相尺寸主要分布在两个范围内，一是以形核剂为中心的非均质形核导致的 200nm 左右的析出相；二是在位错节上形核的 <20nm 的析出相。且两种析出相均分布在晶内，降低了蠕变过程中在晶界大颗粒位置形成晶界空洞的几率。至此，实验钢经过热变形、奥氏体化及回火的调控，获得了目标组织形态：单一马氏体相，以及主要分布在晶内的 200nm 左右的析出相及 <20nm 的析出相，如图 2-72 所示。

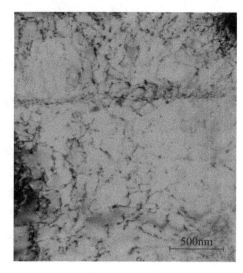

图 2-71　试样在 750℃ 回火 90 分钟的组织 TEM 形貌及 MX 型析出相

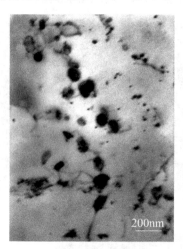

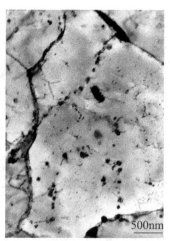

（a）高倍放大　　　　　（b）低倍放大

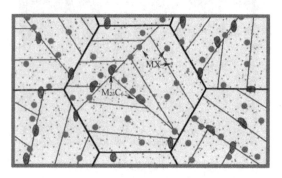

（c）示意图

图 2-72　回火后析出相的演变

2.4.3.4 热处理调整后的性能

对轧制工艺进行了调整,如表2-8所示。轧制后的NS钢板经980℃保温30min,空冷至室温后,再在700~770℃保温90min,空冷至室温。测试其机械性能,结果如图2-73所示。与之前传统热轧方案获得的单一尺度碳氮化物强化钢的性能相似,随着回火温度的升高,调整轧制工艺后的13mm厚(变形量85%)的NS钢的室温强度呈现逐渐升高的趋势。原因是调整后的NS钢中消除了较大尺寸的$M_{23}C_6$,而双尺度碳氮化物的析出强化弥补了由析出相的析出造成的合金元素固溶强化的降低(Zhang,et al,2011)。拉伸曲线如图2-74a所示,回火温度的升高使得材料的强度明显提高,且对延伸率影响不大。断口的断裂方式均为微孔聚集型断裂,如图2-74b至图2-74d所示。随着析出相的增多,首先韧窝数量增多,而析出相在770℃的长大,使得韧窝变大。

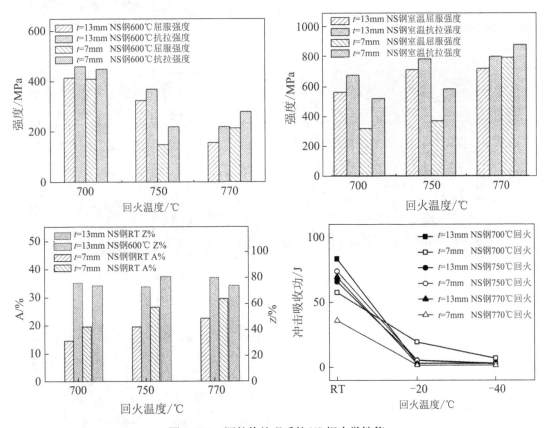

图2-73　调整热处理后的NS钢力学性能

7mm厚(变形量92%)钢的强度随回火温度的升高逐渐升高,说明变形量的增加促进了析出相在770℃的大量析出,增加了弥散强化作用。拉伸曲线如图2-75a所示,尽管试样在770℃时的屈服及拉伸强度明显提高,但其延伸率急剧降低。即裂纹萌生后扩展速度远高于在700~750℃回火试样中的裂纹扩展速度。可见析出相在770℃的析出特征加速了材料在室温时的失效速率。因此,我们对该温度下的试样进行了观察,结果如图2-76所示。析出相尺寸长大至800nm左右,经衍射花样标定为MX型碳氮化物。其阻碍位错运动及晶界滑动的能力显著降低（Yan, et al, 2013）。而且在材料的变形过程中，作为裂纹优先萌生的位置，同时加速裂纹的扩展，导致材料的加速失效（Fujio Abe, et al, 2013；Roth, 2013）。

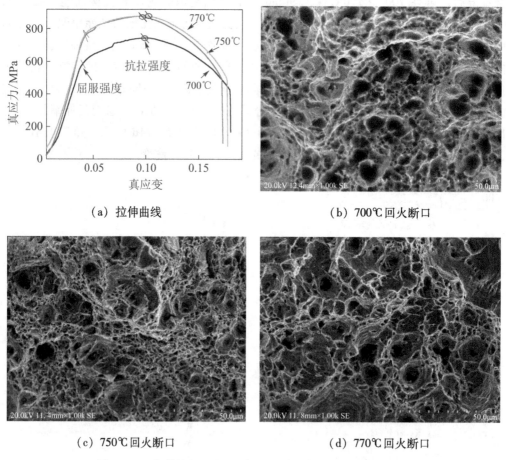

（a）拉伸曲线　　　　　　　　　（b）700℃回火断口

（c）750℃回火断口　　　　　　　（d）770℃回火断口

图2-74　变形量85%的NS钢经不同温度回火后的室温拉伸

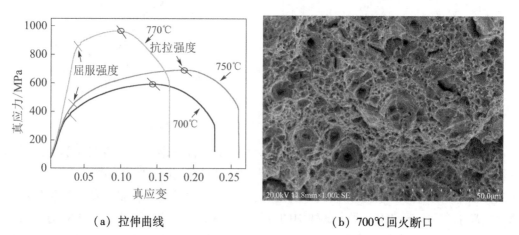

（a）拉伸曲线　　　　　　　　　（b）700℃回火断口

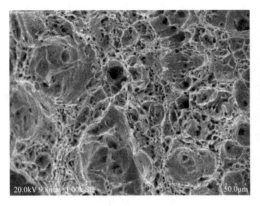 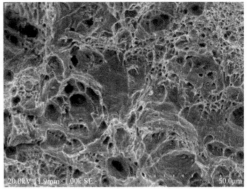

（c）750℃回火断口   （d）770℃回火断口

图2-75　变形量92%的NS钢经不同温度回火后的室温拉伸

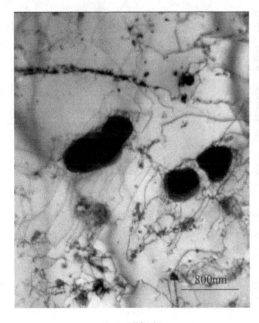 

（a）明场相   （b）衍射斑点

图2-76　变形量92%的NS钢经770℃温度回火的析出相

　　但随着回火温度的增加，NS钢在600℃高温强度逐渐降低，与室温强度的变化趋势正好相反。其拉伸曲线（如图2-77a所示）的变化趋势与室温的拉伸曲线变化也正好相反，即随着回火温度的增加，其断裂应变增加，延伸率升高。但在700～750℃回火时，其延伸率变化不大。说明在高温高速率变形过程中，析出相体积分数的增加加剧了晶界弱化，加快了失效的进行。但同时由于析出相的大量析出，导致机体的强度降低。因此，在高温变形中，材料的快速扩散提高了晶粒间的变形协调性，增加材料的延展性（张俊善，2007）。面缩值随回火温度的变化不大。冲击性能随回火温度升高而降低，在-20℃时急降，且几乎所有实验条件的试样冲击吸收功相同。其DBTT值较单一尺度碳氮化物强化钢略高。

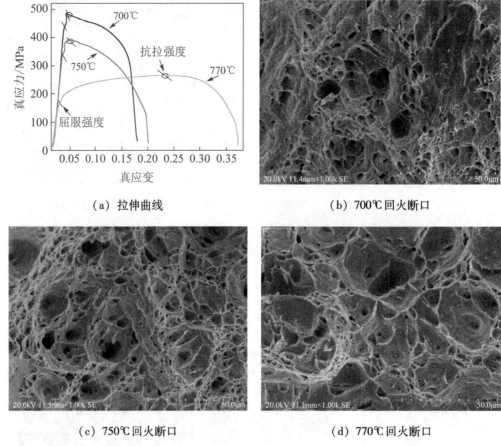

（a）拉伸曲线　　　　　　　　　　（b）700℃回火断口

（c）750℃回火断口　　　　　　　　（d）770℃回火断口

图 2-77　变形量 85% 的 NS 钢经不同温度回火后的 600℃拉伸

2.4.4　小结

（1）热变形后的试样经奥氏体化后，初始的诱变铁素体+马氏体双相组织均转变为奥氏体，并在空冷后切变为单一马氏体组织。随着保温时间的延长，有利于提高晶粒的均匀性。变形过程中诱变析出的 VC、$M_{23}C_6$ 在奥氏体化过程中全部重溶入基体，而 Nb（C，N）则由于在奥氏体中的固溶度积较小而溶解得较少。奥氏体化时间的延长一方面使合金元素均匀化，一方面使重溶入基体的析出相趋向于平衡状态。

（2）回火过程中，合金元素在未溶的析出相上偏聚，导致非均质形核，形成较大尺寸（200nm）的析出相，起到稳定晶界及亚晶界的作用。与此同时，位错节上形成弥散细小（<30nm）的析出相，起到钉扎位错的作用。

（3）对于 700～770℃回火的试样，其室温及 600℃高温拉伸的断裂方式均为韧性断裂，且断口形貌为微孔聚集型。室温强度随回火温度的升高而升高，但高温强度与之相反，这主要是由析出相在晶界的析出造成的。室温变形时，晶界强化材料，析出相在晶界的分布对强度影响不大，但会作为裂纹源，在应力较高时加速材料的失效；而高温变形时，晶界弱化材料，析出相在晶界的分布加速变形空洞在其周围的形成，加快材料失效。

2.5 多尺度碳氮化物强化马氏体耐热钢的组织稳定性

如前所述，对于弥散强化耐热钢，其蠕变速率与粒子间距成正比，与粒子尺寸成反比（Poirier，1976）。而组织稳定性，包括界面稳定性和析出相稳定性，决定着钢的蠕变强度的大小。因此，根据以上理论，本研究采用热变形＋后续热处理的方法制备了组织稳定性较高的多尺度碳氮化物强化马氏体耐热钢。其在降低粒子间距，增加粒子尺寸的同时，增加同种粒子的间距，以达到降低析出相的粗化速率，提高析出相的稳定性，降低最小蠕变速率的目的。在提高粒子稳定性的同时，也在一定程度上提高界面的黏度，降低其滑移速率，提高界面稳定性。

这里制备的多尺度碳氮化物强化马氏体耐热钢组织符合最初提出的组织模型（图2-72），即在回火马氏体组织中，分布着多种尺度的析出相：200nm 左右的 $M_{23}C_6$ 粒子钉扎（亚）晶界；<20nm 的 MX 钉扎位错，保证蠕变强度。

2.5.1 实验材料及实验方法

实验材料为 NS 钢以及用同种方法制备的 NSS 钢，其成分如表2-9所示，其化学成分是在 NS 钢基础上添加了1.5%的 Co，以提高奥氏体的稳定性（Toda，et al，2003）。

表2-9 NSS 实验钢的化学成分

钢含量		C	Si	Cr	Mn	S	P	W	Co	V	Nb	O	+N
NSS	设计成品	<0.02	<0.05	9.0～9.5	0.8～1.2	<0.003	<0.003	1.5	1.0～2.0	0.15～0.2	0.06～0.07	<20×10^{-6}	0.03～0.05
	质量分数%	0.017	0.09	9.18	1.23	0.003	0.005	1.40	1.50	0.14	0.058	0.010	0.035
	体积分数%	0.0014	0.0032	0.1765	0.0224	0.0001	0.0001	0.0076	0.0255	0.0028	0.0006	0.030	0.0025

持久性能测试及样品组织观察位置与第2.2.3.4节相同。

2.5.2 实验结果及分析

2.5.2.1 时效过程中组织演变

时效过程是研究单一因素温度对材料的组织及性能的影响，因此初始组织中对温度比较敏感的组织参数，如位错密度、各种缺陷（空位、析出相等）引起的错配度等，影响时效过程中组织的演变，进而影响时效后材料的性能（潘金生，et al，2011）。由于 NSS 钢中含有 Co 元素，其可有效抑制 $M_{23}C_6$ 等粒子的粗化（Helis，et al，2009；Gustafson，et al，2001），因此组织稳定性应高于 NS 钢，故本小节主要介绍 NS 钢经时效后的组织演变及性能退化。

材料在高温下的时效过程是组织从不稳定的高能态（回火马氏体组织）向稳定的低能态转变的过程。由于材料从奥氏体化温度骤冷至室温后，组织中不仅产生过饱和空位，同时由于奥氏体向马氏体的切变过程，使得空冷马氏体中存在大量位错（Fang，et al，2009），尽管位错密度在随后的回火过程中会大幅降低，但回火马氏体的位错密度仍然非常高（Park，et al，2009）。因此，在长时效过程中，组织的演变主要包括位错的重组、析出相的长大，甚至晶粒的再结晶（Kimura，et al，2010）。图 2 - 78 显示了 NS 钢在 600℃时效不同时间的组织，可以看出，随时效时间的延长，组织变化不明显。即 NS 钢在 600℃时效时，向平衡态组织演变的速度很低，组织的稳定性较好。但 NS 钢在 650℃时效时，组织稳定性降低，甚至发生再结晶，如图 2 - 78 所示。导致组织在 650℃时效时稳定性降低的原因是由于温度的升高，位错的热激活运动——攀移所需的势垒降低，运动速度加快（Poirier，1976）。同时由于回火过程中析出的大量析出相，导致的析出相与基体的错配度较高，而在 650℃时效时，由较大的错配度而自发生成位错时所需的能量降低，因此大量的位错不断地自发生成并快速运动最终形成规则排列的亚结构（Kassner，1993；Kimura，et al，1997），如图 2 - 79b 所示。

(a) 0h

(b) 500h

(c) 1000h

(d) 3000h

图 2 - 78　NS 钢经 600℃时效的光学显微组织

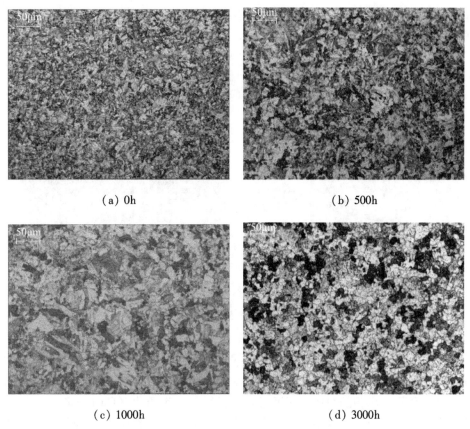

(a) 0h

(b) 500h

(c) 1000h

(d) 3000h

图 2 - 79 NS 钢经 650℃ 时效的光学显微组织

事实上，NS 钢在 650℃ 时效 1000h 时，再结晶晶粒已经开始形核，如图 2 - 79c 中白色多边形晶粒所示。在 3000h 时，大部分马氏体组织均已发生回复。而再结晶晶粒的长大过程实质上是晶界迁移的过程，晶界的迁移速度 $v_m = M \cdot p$，其中 M 是迁移率，表示单位驱动力下的迁移速度；p 为驱动力，是晶粒两侧材料单位体积的吉布斯自由能差（潘金生，et al，2011）。驱动原子由吉布斯自由能高的晶粒迁移向自由能低的晶粒，而晶界迁移向吉布斯自由能高的一侧。界面迁移的驱动力来源于两个方面，一是变形储能，二是界面曲率（Kassner，1993）。根据实验钢的加工工艺，可以确定影响 NS 钢晶界迁移的驱动力应该为晶粒界面曲率的不同。而在影响迁移率的因素中，对于实验钢来说最显著的是第二相质点及温度。第二相质点主要通过增加表面自由能的方式阻碍晶界迁移。当晶界迁移到第二相质点时，会受到阻碍使晶界迁移速率降低。当析出相的最大截面与迁移面在同一平面时，体系的总表面能（潘金生，et al，2011）为 $(A - 4\pi r^2)\gamma_1 + 4\pi r^2 \gamma_2$，式中，$A$ 为界面积；r 为粒子半径；γ_1，γ_2 为界面和粒子与基体的比界面能。若界面划过粒子，则总表面能变为 $A\gamma_1 + 4\pi r^2 \gamma_2$。因此，界面若脱离粒子，将使界面能量升高，故产生阻力 F，阻止界面迁移，引起界面的弯曲。粒子对界面的最大阻力 $F = \pi r \gamma$，即半径越大，粒子对界面迁移的阻力越大。因此，图 2 - 80a 中界面在粒子较大的位置，迁移被阻碍。但由于界面两侧的自由能差较大，使得粒子在另一侧重新形核并继续以"鼓包"的方式迁移。但当粒子体积分数一定时，其半径越小，所有粒子对界面迁移的总阻力最大。另外界面迁移率 $M \propto (1/T) \exp(-1/T)$（潘金生，et al，2011），$T$ 为绝对温度，其中指数项的影响大于指数项前系数的影响。因此,随温度的升高,迁移率增加,界面迁移速率加快。这解释了实验钢在 650℃组织稳定性低于 600℃,组织发生再结晶的原因。

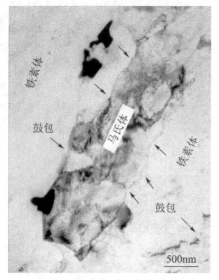

（a）再结晶铁素体及回火马氏体组织　　　（b）马氏体经时效后形成的亚结构

图 2−80　NS 钢经 650℃时效 3000h 后的组织形貌

在长时效过程中,由于合金元素扩散的加快,同时由于析出相优先在晶界等缺陷较多的位置形核,导致析出相的组成元素通过管道扩散,发生粗化（Gustafson, et al, 2002）,如图 2−81 所示。但由于实验钢中 C、N 元素,尤其是 C 元素的降低,使得析出相的粗化速率大大降低,即使在 650℃时效 3000h 后,$M_{23}C_6$ 的尺寸依然在 300nm 左右。而 MX 则基本没发生明显变化,其形貌及衍射斑点如图 2−82 所示。由于合金元素倾向于在固有粒子上偏聚并长大,使得粒子晶体结构的对称性降低,导致捕捉到的衍射斑点较乱,但并不影响析出相的鉴定。

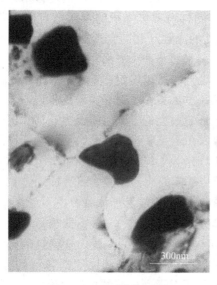

（a）$M_{23}C_6$ 的明场相形貌　　　（b）$M_{23}C_6$ 的衍射斑点

图 2−81　NS 钢经 650℃时效 3000h 后 $M_{23}C_6$ 粒子的粗化

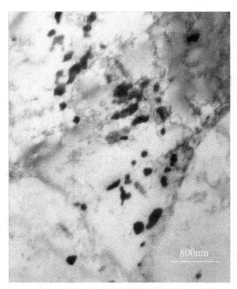 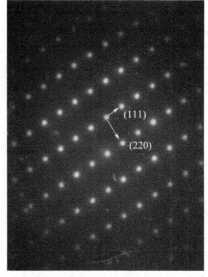

(a) MX 的明场相形貌　　　　　(b) MX 的衍射斑点

图 2 - 82　NS 钢经 650℃时效 3000h 后 MX 粒子的粗化

2.5.2.2　时效过程中的性能退化

实验钢在时效过程中的性能退化主要考察显微硬度的变化，其结果见表 2 - 10。该实验主要设定了两个测试温度，一个是大多数耐热钢使用的温度 600℃，一个是临界温度 650℃。由于 NS 钢在 650℃时效 3000h 时开始有再结晶晶粒的生成，因此在 650℃时效超过 3000h 后停止实验。从表中结果可以看出，随时效时间的延长，硬度在 500h 时出现极值，在 600℃时效 1000h 后，硬度基本不再发生明显变化。说明此后的组织接近平衡态，基体中的位错达到动态平衡（Poirier，1976）。

表 2 - 10　NS 钢经 600℃和 650℃时效不同时间后的 HV 显微硬度值

状态	HT	500h	1000h	7000h
600℃时效	214	231	209	206
650℃时效	214	182	179	—

NSS 实验钢的显微硬度结果如表 2 - 11 所示。在时效过程的前 1000h，其硬度值略低于 NS 钢，但在时效 7000h 时，其硬度明显上升。硬度值的升高可能与 Co 元素抑制 $M_{23}C_6$ 粗化，同时提高高温下原子间结合力的作用有关。

表 2 - 11　NSS 钢经 600℃和 650℃时效不同时间后的 HV 显微硬度值

状态	HT	500h	1000h	7000h
600℃时效	224	209	189	231
650℃时效	224	194	226	—

2.5.2.3　蠕变过程中的组织与性能

材料的蠕变过程主要涉及温度及应力对组织演变的影响。当受温度单一因素的影响时，相邻晶粒间的自由能差无法快速消除，而不断积累，当积累到一定值时，便以再结晶形式消除（Yan, et al, 2013）。而当材料同时受到应力的影响时，相邻晶粒间可以通过协调变形，加剧自由能差。蠕变变形过程中会引入大量错位而造成原子热激活能升高（张俊善，2007），而晶粒间的协调变形可能会导致相邻晶粒也发生变形，但也可能只是引起相邻晶粒的转动或倾角增大（Momeni, et al, 2011；Momeni, et al, 2010）。即晶粒间的协调变形会加剧相邻晶粒内原子的自由能差，加速再结晶的发生。NS 钢在 650℃/130MPa/3h 条件下的组织转变证实了这一理论，如图 2-83 所示。时效结果显示 NS 钢在 650℃时效 3000h 后才开始有再结晶晶粒的萌生，而在 130MPa 条件下，NS 钢在仅仅 3h 内已大量发生。通过断口处的组织可以看出，裂纹均发生在再结晶晶粒与马氏体晶粒的界面上，一旦裂纹产生便在铁素体中快速扩散，以穿晶断裂形式快速失效，如图 2-83b 中箭头所示。

（a）粒子形缺陷

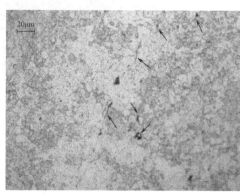
（b）裂纹形缺陷

图 2-83　NS 钢在 650℃，130MPa，3h 条件下的持久试样断口位置的光学组织照片

　　NS 钢在不同蠕变条件下，断口处的组织如图 2-84 所示。在 600℃，210MPa 条件下，蠕变 326h 后，组织中析出相分布依然均匀，组织仍然为马氏体。但在 650℃，130MPa 蠕变 3h 后，组织便发生大量回复，且晶界处析出相基本回溶入基体中，只有少量较大颗粒钉扎在晶界处。如图 2-85 所示，断口形貌由 600℃，210MPa，326h 时较小和较深的韧窝转变为 650℃，130MPa，3h 时较大和较浅的韧窝。说明对于 NS 钢，应力对其组织及蠕变性能的影响远小于温度对组织及蠕变的影响，而温度主要通过影响析出相的大小及体积分数而影响组织在高温下的演变。

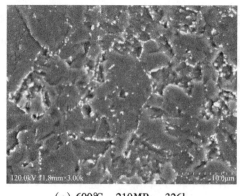
（a）600℃，210MPa，326h

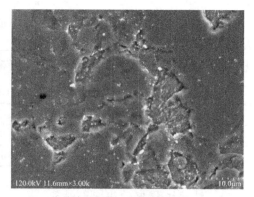
（b）650℃，130MPa，3h

图 2-84　NS 钢在不同条件持久试样的断口位置扫描照片

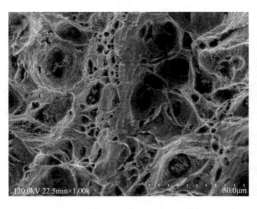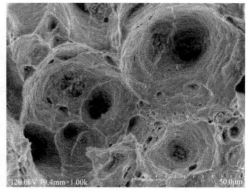

（a）600℃，210MPa，326h　　　　　　（b）650℃，130MPa，3h

图2-85　NS钢在不同条件持久试样的断口形貌

为了系统研究应力及温度对实验钢的影响，对NSS钢进行了多个条件下的持久实验。通过对不同条件下持久试样断口处组织观察发现，如图2-86所示，当温度在600℃蠕变时，裂纹易于在晶界上萌生并沿晶界扩展。随着应力的变化，组织变化不明显。但在650℃时，组织大面积发生再结晶，裂纹在相界上萌生，在铁素体晶粒中穿晶断裂如图2-85b所示。同样，在温度一定时，应力对组织变化的影响不明显。

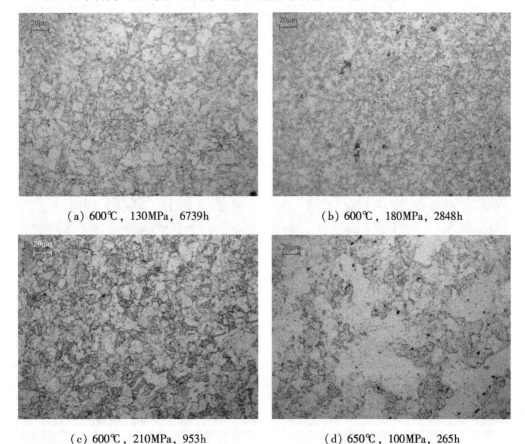

（a）600℃，130MPa，6739h　　　　　　（b）600℃，180MPa，2848h

（c）600℃，210MPa，953h　　　　　　（d）650℃，100MPa，265h

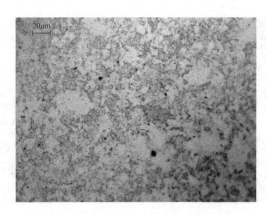

(e) 650℃，150MPa，32h

图2-86　NSS钢在不同条件持久试样的断口位置光学组织图片

　　蠕变过程中析出相的变化如图2-87所示。在600℃蠕变时，晶界上200nm左右的析出相均匀分布，晶内<20nm的细小析出相弥散分布，如图2-87a至图2-87c所示。而在650℃蠕变时，晶界上析出相发生粗化，尺寸增加到500nm左右，且数量骤减，如图2-87d至图2-78e所示，但<20nm的晶内析出相变化不大。因此，再结晶晶粒的生成与析出相的粗化有关，而析出相的粗化主要取决于构成析出相的合金元素在650℃时的扩散速率增大。

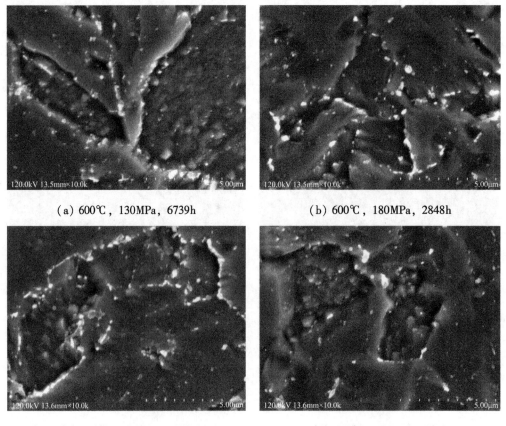

(a) 600℃，130MPa，6739h　　　　　　(b) 600℃，180MPa，2848h

(c) 600℃，210MPa，953h　　　　　　(d) 650℃，100MPa，265h

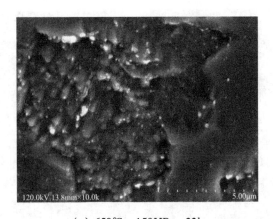

(e) 650℃，150MPa，32h

图 2-87　NSS 钢在不同条件持久试样的断口位置扫描组织图片

　　组织随蠕变条件的演变规律如图 2-88 所示，可以看到在 600℃蠕变时，随应力的增加，亚结构变得粗大，但亚结构的尺寸均匀性提高，即较高应力对维持亚结构的均匀性有帮助，如图 2-88a 至图 2-88c 所示。其原因之一可能是应力的增加可以促进碳化物的弥散析出，而应力较小时，持久断裂时间延长，加剧了析出相的粗化，从而削弱了析出相降低晶界迁移率的作用。而在较高温度 650℃蠕变时，如前所述，位错的运动速率增大，同时新位错的生成速率也增大，导致亚结构更加细化，如图 2-88d 所示。与此同时，相邻晶粒间的协调变形更容易进行，进而使材料的均匀蠕变易于实现，不存在某些区域的集中变形。即在不同区域内的位错密度基本相同或应力梯度较小，为析出相的析出提供较均匀的形核位置及形核驱动力，有利于析出相的均匀形核。

(a) 600℃，130MPa，6739h　　　　(b) 600℃，180MPa，2848h

（c）600℃，210MPa，953h   （d）650℃，100MPa，265h

（e）650℃，150MPa，32h

图 2 - 88　NSS 钢在不同条件持久试样的断口位置透射组织图片

　　不同蠕变条件下的持久试样断口如图 2 - 89 所示，可以看出，随应力的增加
（图 2 - 89a 至图 2 - 89c），韧窝深度逐渐降低，韧窝尺寸逐渐变大。大韧窝周边由析出
相引起的微孔韧窝（图 2 - 89b 中箭头所示）数量逐渐减少，该现象与高应力下促进析出
相的弥散析出有关（Kimura，et al，2010）。同时也说明当析出相的尺寸控制在一定范围
内时，可以降低裂纹在析出相处的萌生。而在 650℃ 蠕变时，断口的韧窝尺寸较 600℃ 时
均匀性增加，且在应力较高时（150MPa），韧窝尺寸更加均匀化和更加突出，如图 2 -
89d 所示。这也与亚晶粒的均匀化及细化有关。

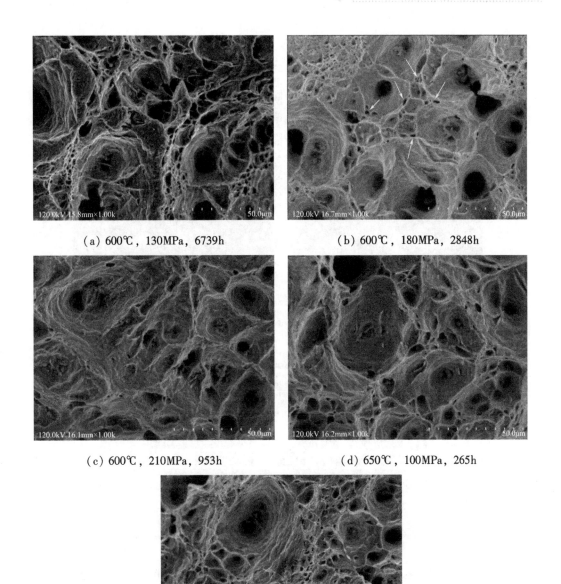

（a）600℃，130MPa，6739h

（b）600℃，180MPa，2848h

（c）600℃，210MPa，953h

（d）650℃，100MPa，265h

（e）650℃，150MPa，32h

图2–89　NSS钢在不同条件下持久试样的断口照片

对蠕变组织在高倍视场中观察，如图2–90a所示。试样经过长时高温蠕变后，马氏体板条发生等轴化，形成亚晶。而亚晶的本质则使位错规则排列，形成位错墙，如图2–90b所示。位错由位错缠结向规则化排列的过程是能量降低的过程，即亚晶的形成是晶粒趋于平衡态的一种方式。另外，亚晶界上分布着尺寸较大的析出相，阻碍（亚）晶界的运动，延缓亚晶的粗化速率。同时晶内分布着弥散细小的析出相，阻碍位错的运动，保证亚晶内的位错密度，提高蠕变强度。蠕变后的组织与本书最初设计的组织形貌（如图2–90c

所示）非常相近，即通过热变形及后续热处理初步达到了预期的组织调控目标。

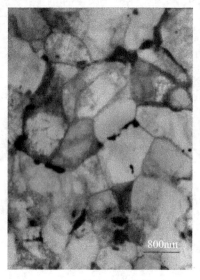 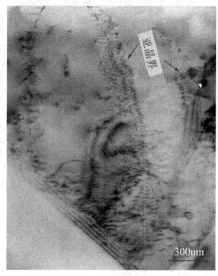

（a）析出相形貌　　　　　　　　（b）亚晶界形貌

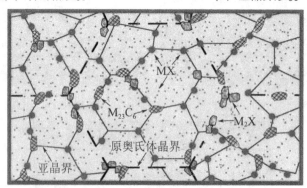

（c）示意图

图 2-90　NSS 钢在 600℃，180MPa，2848h 条件蠕变过程中形成的亚晶粒及示意图

表 2-12 列出了组织调控后 NSS 钢及 P92 钢的持久性能。可以看出，与商用 P92 钢的持久性能相比，NSS 钢在 600℃时的持久断裂时间长于 P92 钢，且随着应力的增加，持久寿命增加得越明显，尤其是在 210MPa 时的持久寿命是 P92 的两倍以上。因此，即使 NSS 钢在 P92 钢的基础上降低了 Mo、去除了 Ni、B 等合金元素，碳含量也降低至 P92 的 1/5，但经过调控后，其持久性能却优于 P92 钢。这初步达到了本书的设计目的。

表 2-12　NSS 钢及 P92 钢在 600℃的持久性能

应力/MPa		130	170	180	200	210
持久断裂时间/h	P92		2732	669	431	
	NSS	6739	2848	953		
延伸率/%	P92			26.88	30.56	26.64
	NSS	24.40		23.44		20.96

2.5.2.4 存在的问题

尽管 NS 钢通过热变形及后续热处理，基本上达到了最初的设计目的：即通过设计多尺度的碳氮化物来提高组织的稳定性，从而改善材料的蠕变性能。但尽管析出相的尺寸控制在预定目标内，但其在组织中的分布不均匀，尤其是 200nm 左右的较大尺寸的析出相，如图 2-91 中圆环所示。且经过长时蠕变后形成的 Laves 相倾向于在 $M_{23}C_6$ 附近形核，长大速度很快，连成长条状，失去了应有的阻碍晶界运动的作用，如图 2-91 中

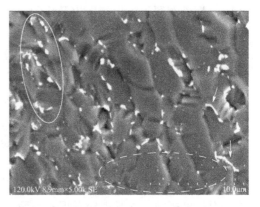

图 2-91 NS 钢调控后析出相的分布及粗化

箭头所示。因此，后续的研究应集中在 $M_{23}C_6$ 的均匀分布及 Laves 相的长大速率等问题上。

2.6 多尺度碳氮化物强化马氏体耐热钢总结

本章以蠕变性能优异的耐热钢 P91、P92 钢以及未来核聚变反应堆用候选结构材料中国低活化马氏体耐热钢 CLAM 钢、ODS 钢为研究对象，研究了几种常用高铬马氏体耐热钢的失效方式。并在 P92 钢基础上进行成分优化，以提高组织的高温稳定性，增强材料的热强性。同时结合弥散强化合金在不同条件下的不同蠕变机制，提出了多尺度碳氮化物强化马氏体耐热钢的概念，建立了热处理态及蠕变过程中的组织模型，并通过热变形及后续热处理的方法获得了多尺度碳氮化物强化马氏体耐热钢，蠕变性能优于 P92 钢。

首先，通过调整钢的化学成分，主要包括降 C，以降低 $M_{23}C_6$ 的含量，从动力学上降低其粗化速率；去 B，以防止形成脆性 BN 成为裂纹源；去 Mo，以避免形成粗化速率较高的 Laves 相。

然后通过调整钢的热变形参数，控制诱变铁素体的体积分数及分布，进而控制诱变析出相的尺寸及分布。主要的实验结果是，通过精确定位各种软化机制的开始位置，如动态回复、动态再结晶、准动态再结晶、诱导相变、静态再结晶等，确定各软化机制的发生条件及各软化机制对组织演变的影响，进而调整变形参数以获得目标组织。研究结果显示，在低 Zener-Hollomon（Z）条件下（高温低应变速率），动态再结晶及诱导相变的快速进行导致了近等轴晶组织的形成。随着 Z 值增加，动态再结晶及诱导相变的形核过程减慢，但诱导相变铁素体的长大速度较大，形成条状铁素体和马氏体组织。同时铁素体的长大消耗了大部分的储存能，使其成为维持良好加工性的主要因素。但当 Z 值继续增加时，动态再结晶和诱导铁素体晶粒的长大速率也大幅降低，但准动态再结晶发生，使动态再结晶晶粒快速长大，导致铁素体和马氏体混合晶组织的出现。

由于铁素体中的合金元素固溶量小于奥氏体中的含量，且合金元素在铁素体中的扩散系数高于在奥氏体，因而高温下诱变铁素体会更利于析出相的诱导析出及长大，铁素体的分布及形态决定着诱导析出相的分布。因此可以通过控制诱变铁素体的含量及分布来调整诱导析出相的分布及体积分数。而变形条件为 1000～1100℃温度区间及 0.01～1/s 应变

速率时，诱变铁素体的形态为条状，与马氏体相间分布，且诱导铁素体的体积分数约占50%，为最有利于析出相析出及均匀分布的变形条件。

在随后的变形后的弛豫实验中，确定了析出相开始析出位置为弛豫曲线中的应力突增位置。实验结果发现，在不同变形条件及弛豫温度下，诱导析出相的析出行为不同，例如在连续变形后的弛豫过程中，$Nb(C,N)$析出相在940℃变形并弛豫时大量析出；在变温连续变形后的弛豫过程中，$M_{23}C_6$在800℃变形并弛豫时大量析出；在变温非连续变形后的弛豫过程中，除了上述两种析出相外，在750℃变形并弛豫时，$(Nb,V)(C,N)$大量析出。而且变形量及初始变形温度也影响析出相的析出行为。前者通过影响位错密度，进而影响位错节数量，即析出相的形核位置，最终影响析出相的析出行为；后者通过影响该温度下的组织形态，尤其是诱变铁素体分布及含量，最终影响析出相的分布及数量。而析出相的尺寸是弛豫温度和弛豫时间的函数，在高温时，合金元素扩散速率较大，有利于析出相的析出；时间延长，析出相的扩散距离增大，有利于析出相的长大。对于在940℃鼻尖温度析出的$Nb(C,N)$粒子，其弛豫1000s时，析出相的尺寸最大在120nm左右；在800℃鼻尖温度析出的$M_{23}C_6$粒子，弛豫1000s时，尺寸最大在230nm左右；在750℃鼻尖温度析出的$(Nb,V)(C,N)$，弛豫1000s时，尺寸最大在30nm左右。

最后通过控制后续热处理工艺参数，实现多尺度碳氮化物强化马氏体耐热钢的制备。其中，后续热处理主要涉及奥氏体化及回火过程，热变形后的试样经奥氏体化后，初始的诱变铁素体+马氏体双相组织均转变为奥氏体，并在空冷切变为单一马氏体组织。随保温时间的延长，晶粒的均匀性提高。变形过程中诱变析出的碳氮化钒、$M_{23}C_6$在奥氏体化过程中全部重新溶入基体，而$Nb(C,N)$则由于在奥氏体中的固溶度积小而溶解得较少。回火过程中，合金元素在未溶的析出相上偏聚，导致非均质形核，形成较大尺寸（200nm）的析出相，稳定了晶界及亚晶界。同时，位错节上形成弥散细小（<20nm）的析出相，钉扎位错。最终获得稳定性较高，符合设计的组织模型：多尺度碳氮化物强化的单一马氏体组织。

研发成功的多尺度碳氮强化马氏体耐热钢在600℃时效时表现出优良的组织稳定性，在650℃时效时，组织发生再结晶，稳定性急剧降低，但再结晶发生开始时间由单尺度析出相强化时的500h延长至3000h。通过组织观察发现，650℃时效时发生再结晶的原因与晶界上200nm左右析出相的重溶有关。新钢种在600℃蠕变时，随应力的增加，位错密度增加，组织得到细化。其在600℃的持久性能优于P92钢，且随应力的增加，其持久性能的优越性更加突出，到210MPa时是P92的2倍以上。

（1）本书以目前超临界火电机组实际使用的耐热钢中抗蠕变性能最优的P91钢、P92钢、CLAM钢为基础，研究了几种常用高铬铁素体耐热钢的失效方式。并在P92钢的基础上进行成分优化，以提高组织的高温稳定性，增强材料的热强性。结合弥散强化合金在不同条件下的不同蠕变机制，提出了多尺度碳氮化物强化耐热钢的概念，给出了热处理态及蠕变过程中的组织模型，并通过热变形及后续热处理的方法获得了多尺度碳氮化物强化铁素体耐热钢（NS钢）。研制出的NS钢表现出的持久性能优于P92钢，而且随应力的增加，其持久性能的优越性更加突出，到210MPa时是P92钢的2倍以上。

（2）单尺度的NS钢在较高温度下（650℃）的组织稳定性很低，在时效500h时发生再结晶。组织稳定性降低的原因主要是（亚）晶界处无较大尺寸的颗粒来提高界面黏度，导致晶界迁移易于进行，加快了失效的发生。而 CLAM 钢的失效主要是在较高应力下（>150MPa），促进了析出相的析出，从而析出相的尺寸降低，导致其稳定（亚）晶界作用降低。P92 钢的失效方式主要由晶界处 $M_{23}C_6$ 及 Laves 相的粗化，导致蠕变过程中相邻晶粒协调变形时，产生蠕变空洞造成。

（3）根据常用9%～12%Cr 耐热钢的失效原因，结合弥散强化合金的蠕变速率正比于颗粒间距及颗粒的尺寸倒数的理论，提出了多尺度碳氮化物强化的组织模型：即在回火马氏体基体上弥散分布着不同尺寸且形状复杂的 $M_{23}C_6$ 及 MX 析出相，其中 $M_{23}C_6$ 分布在原奥氏体晶界及马氏体板条界上，尺寸在 200nm 左右，阻碍（亚）晶界的滑移；MX 分布在板条内部，尺寸在 <20nm，阻碍位错运动。

（4）NS 钢热变形过程中动态回复开始及结束的应变可以分别通过定位 $\partial\theta/\partial\sigma$ 最大值及 $\partial(\partial\theta/\partial\sigma)/\partial\sigma$ 接近零值准确确定。动态再结晶发生的条件：最小能量消耗率及临界应变可以通过定位 $\partial\theta/\partial\sigma$ 最小值而精确定位。根据各软化机制开始位置，可将应力峰值之前的应力－应变曲线分成四个区域：加工硬化区、动态回复软化区、诱导相变软化区和动态再结晶软化区。

（5）临界应变－临界应力之间存在线性关系，但随着 Z 值的增加，出现两个比值。实验证明该现象与变形过程中诱导相变的辅助软化有关。同时临界应变与峰值应变之间存在非常严格的线性关系。在 Z 值较小时，$\ln\varepsilon_c$ 随 $\ln Z$ 值升高线性增加，但是当 $\ln Z$ 值增加到 40 左右时，$\ln\varepsilon_c$ 上升的速率减缓，达到极大值后开始回落，随后基本保持一稳定值。但 $\ln\sigma_c$ 随 Z 值的增加一直增加，只是在 $\ln Z$ 值增加到 40 左右时，增加的速率降低。

（6）低 Z 条件下，动态再结晶及诱导相变的快速进行导致近等轴晶组织。随着 Z 值增加，动态再结晶及诱导相变形核过程减慢，但诱导相变铁素体的长大速度较大，形成条状铁素体和马氏体组织。同时铁素体的长大消耗了大部分的储存能，使其成为维持良好加工性的主要因素。但当 Z 值继续增加时，动态再结晶和诱导铁素体晶粒的长大速率也大幅降低，会发生准动态再结晶，使得动态再结晶晶粒快速长大，导致铁素体和马氏体的混晶组织的出现。

（7）NS 钢的热加工图可以分为三个区域，分别代表三个不同水平的加工能力：超塑性加工区，具有很高的能耗系数，对应等轴晶组织；可加工区，具有较高能耗系数，对应带状铁素体及近等轴马氏体组织；难加工区，具有低能耗系数，对应铁素体和马氏体混合晶组织。

（8）变形过程中产生的诱变铁素体中，合金元素的固溶量小于在奥氏体中的含量，且合金元素在铁素体中的扩散系数高于在奥氏体中，因而高温下诱变铁素体中更利于析出相的诱导析出及长大，故可通过控制铁素体的分布及形态来调控诱导析出相的分布，通过控制弛豫时间来调整诱变析出相的尺寸。

（9）在 NS 钢连续变形后的弛豫过程中，Nb（C，N）在 940℃变形并弛豫时大量析出；在变温连续变形后的弛豫过程中，$M_{23}C_6$ 在 800℃变形并弛豫时大量析出；在变温非连续变形后的弛豫过程中，除了上述两种析出相的析出外，在 750℃变形并弛豫时，（Nb，V）（C，N）大量析出。变形量及初始变形温度也影响析出相的析出行为。前者通过影响位错密度，进而影响位错节数量，即析出相的形核位置，最终影响析出相的析出行为；后者通过影响该温度下的组织形态，尤其是诱变铁素体分布及含量，最终影响析出相的分布及数量。

（10）热变形后的 NS 钢经奥氏体化后，初始的诱变铁素体＋马氏体双相组织均转变为奥氏体，并在空冷后切变为单一马氏体组织。变形过程中诱变析出的 VC、$M_{23}C_6$ 在奥氏体化过程中全部重溶入基体，而 Nb（C，N）则由于在奥氏体中的固溶度积较小而溶解得较少。回火过程中，合金元素在未溶的析出相上偏聚，导致非均质形核，形成较大尺寸（200nm）的析出相，稳定晶界及亚晶界。同时，位错节上形成弥散细小（＜30nm）的析出相，钉扎位错。

（11）NS 钢在 600℃时效时组织稳定性较好，但在 650℃时效 3000h 后组织稳定性急剧降低，甚至开始发生再结晶。组织稳定性降低的原因是温度的升高导致位错攀移的加快，而晶界上 200nm 左右析出相发生快速重溶，导致其阻碍晶界迁移作用减弱。同时由于析出相与基体间较高的错配度而导致位错大量而快速的形成，最终导致（亚）晶界的迁移，（亚）晶粒的粗化。

（12）蠕变过程中，由于应力的存在加剧相邻晶粒间能量差，导致组织失稳速率升高，明显高于时效过程。在 600℃蠕变时，随应力的增加，位错密度增加，组织得到细化。同时，持久断口的韧窝深度逐渐变小，而由析出相导致的微孔韧窝数量逐渐减少。在 650℃蠕变时，由于温度的升高导致位错运动的加速，使得组织与 600℃相比更加细小，韧窝尺寸逐渐均匀化。

（13）尽管调控后的组织初步达到设计的目标。但 200nm 左右的析出相分布不均匀，且蠕变/时效过程中析出的 Laves 相易于连成条状，失去了阻碍晶界运动作用的同时，成为裂纹的萌生的优选位置。后续研究应该重点放在 200nm 析出相的分布及 Laves 相的长大方式等问题上。

3 核电用低活化马氏体耐热钢简介

当今随着经济的快速增长，世界能源危机日益严重，同时还面临化石燃料发电产生的高碳排放污染环境问题。目前中国的大部分电力资源来自于化石能源（主要是煤炭），2022年我国火电占比尽管降到了总发电量的69.77%，实现了历史性的改变，但仍然是维持我国电力供应稳定的支柱。而两个大的的水利工程，18GWe的三峡发电站和15.8GWe的黄河发电站（包含黄河上的十几个水利发电站），发电量占比14.33%。风力发电量占总量的8.19%。核电发电量提升至4177.8亿千瓦时，是我国第四大发电类型，2022年同比增长率为2.5%，在全国发电量中的份额占4.98%。太阳能发电量为2290亿千瓦时，同比上涨14.3%，在全国发电量中的份额提升至2.73%。我国碳中和目标提出后，电力系统清洁、低碳转型的步伐进一步加快。可再生能源多次实现两位数增长，火力发电量和火力发电装机容量占比持续下滑，且后者的降幅更加迅猛。我国火力发电装机容量占比在2022年降至52%。以化石能源为主导能源必然会造成严重的空气污染。通过世界银行的计算，环境污染造成的经济损失占中国总GDP的6%。而在中国东部广泛存在的雾霾主要是来自于煤的燃烧。官方给出的数据显示，北京在2013年的1月12日PM2.5值甚至创最高纪录993μg/m³，远远大于世界卫生组织给出的标准值25μg/m³。中国目前仍是世界上最大的碳排放来源，2021年全球CO_2排放量与2020年相比增长6%，达到363亿吨，成为有史以来年度最高水平；其中煤炭使用产生的CO_2排放占全球总排放量的40%以上，达到153亿吨，也创造了历史新高，天然气使用产生的CO_2排放量达到75亿吨，不仅高于2020年的水平，也远高于2019年的排放量；从行业看，CO_2排放增加量最显著的部门是电力和供热行业，增长了6.9%，达到了9亿吨，占全球排放增量的46%。燃煤产生的CO_2是产生"温室效应"的主要因素，这一效应造成了全球气温不断变暖、各种极端天气频发。2021年与能源相关CO_2排放的增加，推动能源领域温室气体排放上升到历史最高水平。这加快中国开发清洁能源的脚步，预计到2030年中国一次性能源的20%将来自非化石能源，届时中国的CO_2排放量将降低60%～65%。这意味着中国的能源发展来到了一个新常态阶段，不但要保护环境，还要适应中国日益增大的能源需求。这需要中国可再生能源的蓬勃发展。

因此，为了应对和解决当前的能源与环境问题，国家中长期科学和技术发展规划纲要（2006—2020年）已把"适度发展核电"政策调整为"积极发展核电"。核能作为最有前途的清洁能源，根据核子质量的转化方式不同，核能可以分为两类：核聚变能和核裂变能。它们都遵循爱因斯坦能量转换方程：当一个重核分裂成两个中等质量的核时，发生质量亏损，释放出能量，这就是裂变能，目前用于核裂变发电站的燃料主要为铀同位素$_{92}^{235}U$；当两个轻核聚合成一个较重的核时，也要发生质量亏损，释放出能量，这就是聚变能，目前研究可行的为氘和氚形成氦。自从20世纪40年代先后发现了氘和氚聚变反应（1933年）和铀的裂变反应（1938年）以来，人类便开始了利用核能的努力。

核裂变能的可控利用已有约70年，目前商业核电站的反应堆均为裂变反应堆。从20世纪50年代开始，发达国家和一些掌握了核发电技术的发展中国家陆续建造核电站。目前核电站发电量已占全球总发电量的17%，核电发电量占比超过40%的国家有9个，其中法国占比80%，为最高。我国从20世纪70年代开始建设核电站。根据"十三五"规划，到2030年，我国核能发电量占比将达到约10%左右（目前不足5%）。但是在大规模利用核裂变能的情况下，核燃料的供应、核废料的处理和核电站安全等问题日益突出。比如，一个1000MW的核电站每年将产生几十吨核废料，这些废料衰变周期长，处理困难，目前能够采用的办法只是投入4000m以下的深海区，或者在陆地上选择合适地质环境深埋处理，除此之外别无他法。随着各国核电站数量的不断增加和使用时间的延长，不断累积的核废料对环境的影响越来越大。除此之外，核电站的安全隐患也不容忽视。原苏联切尔诺贝利核电站的反应堆爆炸事故和日本福岛核电站的核泄漏事故，都让人们谈"核"色变。

3.1 核聚变用低活化铁素体耐热钢简介

与裂变反应不同，核聚变反应的发生需要上亿摄氏度的高温等极端苛刻条件，即使核聚变过程中发生事故，也会因为反应条件不再满足而使得反应随即停止，具有固有安全性。核聚变的反应原理如图3-1所示。即：几个轻核聚合为较重的原子核，并释放出大量的能量。单位质量的核聚变燃料所释放的能量，远高于核裂变燃料，同时聚变反应不会产生长衰变周期的核废料。而且，根据爱因斯坦质能方程 $E = \Delta mc^2$ 计算可以知道，以1g物质进行计算，与标准煤发热量来进行比较：1g镭裂变放出的热能相当于0.39t标准煤；1g铀裂变放出的热能相当于2.6t标准煤；1g氘和氚聚变产生聚变能相当于11.2t标准煤。而对于氘氚（DT）核聚变的质量损失约为0.4%，转化为能量释放出去。

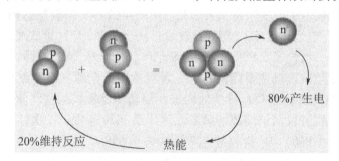

图3-1 核聚变反应原理

如图3-2所示，核聚变每单位质量释放出的能量要比核裂变大得多。每个DT聚变可以释放出17.6MeV的能量（其中可利用的能量有14MeV），而每个U原子经过中子轰击产生裂变，可以释放出约200MeV的能量（按式（3-1）计算可知）。也就是说，单位质量的DT聚变所释放的能量是 ^{235}U原子裂变所释放能量的3.3倍，1g的氘氚聚变所释放的能量可以相当于8.25t优质煤完全燃烧所释放的化学能。

$$^3D + {}^3T \longrightarrow {}^4He \ (3.5MeV) + {}^1n \ (14.1MeV) \tag{3-1}$$

除此之外，对于DT聚变还有另外两个重要的反应式：

$$^1n + {}^6Li \longrightarrow {}^4He + {}^3T + {}^1n + 4.8MeV \tag{3-2}$$

$$^1n + {}^7Li \longrightarrow {}^3He + {}^3T + {}^1n - 2.5MeV \tag{3-3}$$

这些反应导致在聚变反应堆里产生T的增殖，维持反应的发生。

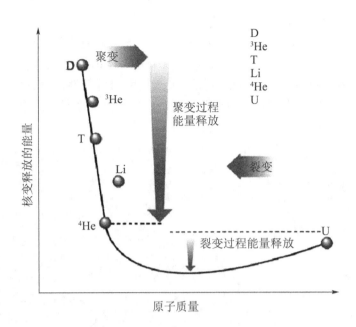

图 3 - 2 核能释放与原子质量关系

因此，核聚变单位质量燃料释放的能量大，可以实现大规模利用。同时，核聚变发电过程中不直接产生氧化碳等有害气体，不产生长寿命放射性核废料，对环境危害相对较小。另外，核聚变燃料资源丰富，易于获取、加工和储存；氘可以从海水中提取，从 1L 海水中提炼出来的氘含量，在核聚变反应中释放的能量相当于 300L 汽油完全燃烧释放的能量，而氚则可以通过核聚变反应产生的中子和锂反应获取。基于上述优点，核能可以满足国际上日益增大的能源需求，是可再生能源的主要组成部分。

3.2 可控核聚变的装置

虽然核聚变被认为是未来能源的希望，核聚变研究的成功将一劳永逸地彻底解决人类的能源问题，但是真正实现核聚变发电需要解决的问题非常艰巨。例如，由于氘和氚两个原子核之间存在的很强的库仑斥力，而完成核聚变反应，必须克服它们之间的原子间斥力。只有温度需要达到上亿度，两种原子的原子核才能接近到核力的作用范围内，这时极高速度运动的原子核做着无规则的运动，连续地发生相互碰撞，发生聚变反应。这样的核反应是在原子核的热运动中发生的，所以称为热核反应，而加以人工控制的这种反应，就称为受控热核反应。但地球上目前还没有发现可以在如此高温下仍然呈现固态的元素，在这个温度下，几乎所有的物质都被气化了。因此，为了实现受控核聚变，目前提出了惯性约束受控核聚变（inertial confinement fusion，ICF）和磁约束受控核聚变（magnetic confinement fusion，MCF）两种途径。其中，MCF 是目前国际上研究较多、相对较成熟的磁约束核聚变，它利用特殊形态的磁场把氘、氚等原子核和自由电子组成的、处于热核反应状态的超高温等离子体在有限的体积内进行约束和压缩，使它受控制地发生大量的原子核聚变反应，释放出能量。而惯性约束是将巨大的能量从四周同时注入聚变燃料靶丸，使得靶丸温度急剧升高形成等离子体，高温等离子体向外爆炸性膨胀的同时产生向心聚爆，使靶心位置满足劳逊判据从而引发核聚变反应。

国际热核实验堆（ITER）计划已经正式启动，该计划集成了核聚变的重要科学和技术成果。ITER（International Thermonuclear Experimental Reactor）是国际热核实验反应堆的简称，是规划建设中的一个为验证可控核聚变技术的可行性而设计的国际托卡马克试验，它的原理类似太阳发光发热，即在上亿摄氏度的超高温条件下，利用氢的同位素氘、氚的聚变反应释放出核能，其结构示意图如图3-3所示。

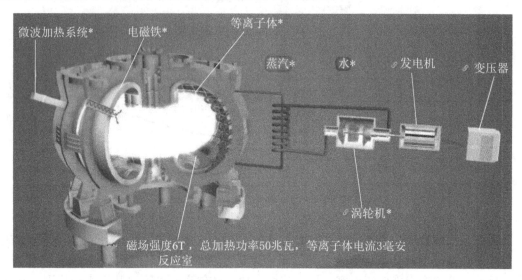

图 3-3　国际热核实验堆（ITER）模型

经过60多年的发展，托卡马克核聚变等离子体的约束参数取得了很大进展，目前已经非常接近聚变堆条件。目前世界上正在建设的托卡马克装置有数十个，其中大型的托卡马克装置有美国的 TFTR、日本的 JT-60U、欧洲的 JET、法国的 TORE SUPRA 等。中国在托卡马克装置的研究方面也取得了显著的成果，已建成和在建的规模不一的托卡马克装置有十几个，其中已建成的大规模托卡马克装置有两个：一个位于中国科学院合肥物质科学研究院"全超导托卡马克核聚变实验装置（东方超环）"（Experimental Advanced Superconducting Tokamak，EAST）（图3-4）；2021年5月28日，EAST 实现了可重复的1.2亿摄氏度101秒等离子体运行和1.6亿摄氏度20秒等离子体运行，2023年4月12日，EAST 实现了403秒稳态高约束模式等离子体运行，创造了同等条件下托卡马克实验装置运行新的世界纪录；另一个位于四川成都中核集团核工业西南物理研究院"中国环流器二号 M 装置"（HL-2M，图3-5所示），由中核集团核工业西南物理研究院自主设计建造，是中国规模最大、参数最高的先进托卡马克装置。在建的装置中规模最大的是中国聚变工程试验堆（China Fusion Engineering Test Reactor，CFETR），它是从核聚变实验堆过渡到聚变发电原型堆的工程堆，计划于2030年建成。中国核聚变研究的部分技术达到国际领先水平。

图 3-4　全超导托卡马克核聚变实验　　　　　图 3-5　中国环流器二号
　　　　装置 EAST（东方超环）　　　　　　　　　　M 装置（HL-2M）

由于托卡马克堆是利用磁场约束等离子体以实现可控聚变反应释放聚变能，因此其包层结构材料长期服役在高温、强磁场（550℃，3～4 T 稳态磁场）的工况下，因此，除了高温、应力、辐照，高温强磁场也是影响材料组织的稳定性、包层结构服役安全及寿命的关键因素之一。

3.3　聚变堆候选包层结构材料

托卡马克装置的核心是一个环形真空室，在极端高温和高压下，气态氢燃料成为等离子体——一种高热的带电气体。在核聚变装置中，等离子体可以提供令轻元素聚变和释放能量的环境条件。等离子带电粒子的能量、形状、位置受真空室外面缠绕的磁性线圈影响。物理学家利用这个特性来约束等离子体，使其远离聚变堆的结构材料。在反应开始阶段，首先从真空室中抽走空气和杂质；然后磁性约束系统控制等离子体电荷态上升，气体燃料被引入到真空室中，但由于在真空室中存在强大的电流，气体燃料被电离，形成等离子体。等离子体在磁场的作用下开始运动并发生碰撞，开始升温，最终高温等离子体到达聚变温度（在 1.5 亿～3 亿℃之间）。这时等离子体获得的能量足以克服它们之间的电磁排斥力，发生碰撞继而产生聚变，并且释放巨大的能量。由于托卡马克装置是利用磁场约束等离子体来实现可控聚变反应释放聚变能。而 ITER 的主要部件包括磁场线圈、偏滤器以及包层模块等。包层模块（test blanket module，TBM）是 ITER 装置的关键部件之一，ITER 包层分为屏蔽包层和实验包层两种。其中屏蔽包层主要用于装置的辐射防护，在已经完成的 ITER-FEAT 设计中有较完善的包层设计和技术研发。而实验包层模块主要用于对未来商用示范聚变堆（DEMO）产氚和能量获取技术进行实验，

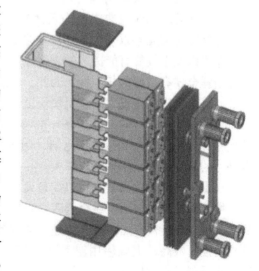

图 3-6　中国固态氚增殖剂
ITER DELL-TBM 示意图

同时用于对设计工具、程序、数据等的验证和在一定程度上对聚变堆材料进行综合测试。试验包层直接面对等离子体，主要用于氚增殖、能量转换以及辐射屏蔽等。包层相关技术是决定聚变堆是否能实现工程应用的关键技术之一。包层模块的结构示意图如图 3-6、图 3-7 所示。

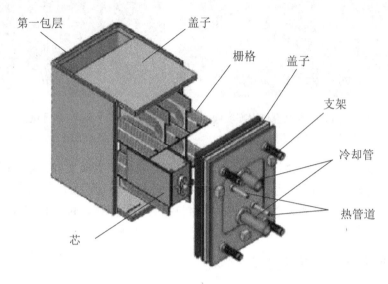

图 3-7　中国 ITER HCSB-TBM 示意图

　　TBM 材料长期服役在高温（约 500℃ 或更高）、复杂应力、强中子辐照、强电磁辐射等苛刻的条件下。这就要求包层结构材料同时具备以下优良性能：① 良好的高温性能，包括高温热物理性能及高温和复杂应力共同作用下的机械性能，如热导率、高温强度、疲劳强度、断裂韧性等；② 优异的抗中子辐照性能；③ 低活化特性：高能中子辐照会引起材料晶体结构的变化，继而引起材料性能的变化，如蠕变、硬化、韧脆性转变（DBTT）、断裂韧性下降等，同时也造成某些元素产生长半衰期的放射性同位素。因此在成分设计阶段，应排除这类元素以减少长半衰期核素的形成，使包层结构材料具有低活化特性，降低维修保养以及事故等可能造成的放射性危害；④ 对于液态锂铅包层，包层结构材料还应与液态铅锂金属有较好的相容性。因此，包层结构材料的研发是聚变堆包层模块研制的关键环节。目前世界各国提出的包层模块设计中，结构材料主要包括低活化铁素体/马氏体钢（Reduced Activation Ferritic/Martensitic steel，RAFM 钢）、钒合金和 SiCf/SiC 复合材料三种，除此之外，氧化物弥散强化钢（ODS 钢）作为新研发的低活化 RAFM 钢，也是一种有潜力的聚变堆包层结构材料。

　　钒是一种低活化元素，可以满足聚变堆使用的低活化要求。钒合金最初主要用于裂变反应堆的燃料包壳。由于钒合金耐中子辐照性能好、热应力因子高、与液态锂相容性好，从 20 世纪 80 年代开始便被认为是非常有潜力的聚变堆候选包层结构材料。同时，钒合金的高温强度较高，上限使用温度可达 700℃，但是氢的同位素在钒合金中易于渗透和滞留，这限制了它在聚变堆中应用。另外，钒合金在工业冶炼技术、加工成型方式上还存在许多难题，因此要实现其在聚变堆中的工程应用还需要深入的研究和探索。SiCf/SiC 复合材料是将碳化硅纤维作为强化相加入到碳化硅母材中制备而成。SiCf/SiC 复合材料最初是作为航空以及石油领域的高温材料进行研发，后来也应用到高温气冷堆中。SiCf/SiC 复合材料在这几种材料中拥有最高的上限使用温度，可达 1000℃；同时其抗液态金属腐蚀性能良好；而且密度比合金材料低很多，比强度高。然而，其塑性非常差，在聚变堆中需长期受循环热应力的作用，很容易发生脆断；同时其焊接性能很差，难以焊接成型。SiCf/SiC 复合材料的研发还处于初级阶段，其生产制造成本高。钒合金、SiCf/SiC 复合材料的高温性能都优于 RAFM 钢，但它们性能上的短板也很明显，同时这两种材料在工业基础和工程应用等方面远不如 RAFM 钢广泛。各种候选结构材料的可操作运行温度区间如图 3 - 8 所示，铁素体/马氏体钢、钒合金、碳化硅和 ODS 钢性能对比如图 3 - 9 所示，14MeV 中子辐照后，不同元素所携带的放射性随时间的变化如图 3 - 10 所示。故而，钒合金、SiCf/SiC 复合材料应用于聚变堆包层结构材料预计还需要十年以上研究和发展，是下一代候选材料。

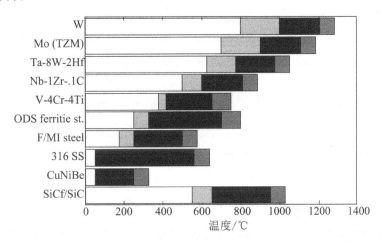

图 3 - 8　各种候选结构材料的可操作运行温度区间

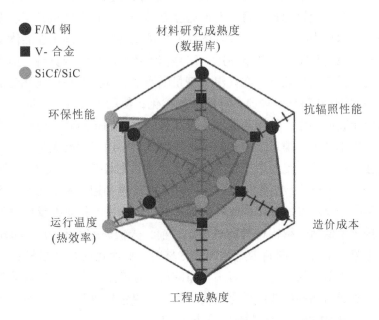

图 3 - 9　铁素体/马氏体钢、钒合金、碳化硅和 ODS 钢性能对比

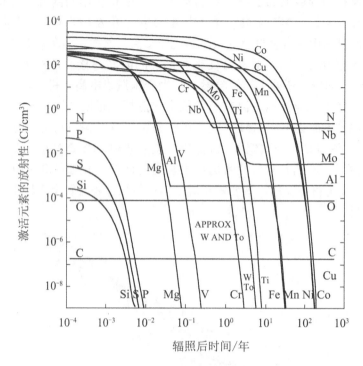

图 3-10 14MeV 中子辐照后，不同元素所携带的放射性随时间的变化

3.4 低活化铁素体耐热钢（RAFM）

考虑到上述核聚变反应堆对材料应用选择的复杂性，大量国内外专家和学者对许多传统结构材料（如奥氏体不锈钢、镍基合金及钴合金等）进行了不同的实验研究，发现奥氏体不锈钢由于含有大量铬元素，且具有面心立方结构，不存在同素异构转变过程，因此在使用过程中其组织更为稳定，具有较好的高温抗蠕变性能，且加工性能优良，利于成型加工，可以在较高温度和应力工况下使用。但是作为核反应堆结构材料，奥氏体不锈钢存在如下几个问题：①表面比热低，在高温大剂量辐照下，其热物理性能恶化显著且出现严重的 He 脆、辐照硬化和脆化等现象，导致性能劣化，使用寿命减低。即其抗辐照肿胀性能比较差。②由于其面心立方结构的原因，导致扩散系数和传热系数较小，膨胀系数较大等缺点。③奥氏体不锈钢、镍基合金和钴合金等传统材料由于含有大量的镍和钴等合金元素，这些元素在聚变环境中受到中子辐照作用会产生放射性核素，表 3-1 所示为不同合金元素被活化后产生的感生放射性核素的半衰期，发现镍和钼在中子辐照后产生长寿命的放射性核素，不利于反应堆的维修和废料的处理。因此未来的核聚变反应堆不可能采用上述传统材料，提出了低活化结构材料的概念。目前，人们研究和利用的 TBM 结构材料以及核聚变反应堆第一壁/包层材料限定为低活化材料。低活化材料是指经过一定时间的中子辐照后材料产生放射性的短寿命或者中寿命的放射性核素。聚变反应容器设计中，经大量研究及试验，发展出几种候选低活化结构材料，主要包括钒基合金、SiCf/SiC 复合材料及低活化铁素体/马氏体钢（RAFM 钢）见表 3-2。

表 3-1 感生放射性核素及其半衰期

合金元素	Cr	Mo	Ni	Mn	W	V	Si	Nb	Ta
感生放射性核素	^{51}Cr	^{93}Mo	^{59}Ni	^{54}Mn	^{181}W	^{49}V	^{3}H	^{94}Nb	^{182}Ta
半衰期	27 天	4 千年	7.6 万年	312 天	121 天	338 天	12.5 年	2 万年	114 天

表 3-2 聚变堆结构材料的物理特性及力学性能

参数	RAFM 铁素体钢	奥氏体钢	钒合金	SiCf/SiC
密度/$(g \cdot cm^{-3})$	7.8	8	6.1	2.7
熔点/℃	1420	1400	1890	2800
比热/$(kJ/kg \cdot ℃)$	0.58	—	0.8	0.6
热膨胀系数/$(10^{-6} \cdot ℃^{-1})$	10.5	17.6	12.6	3
热导率/$(W \cdot m \cdot K^{-1})$	35.3	19.5	27.7	10~35
弹性模量/GPa	200	168	131	150
泊松比	0.27	—	0.36	0.2
极限抗拉强度/MPa	R760/400℃~630	400℃~600	420	500
断裂韧性/$(MPa \cdot m^{1/2})$	500	—	>500	24
热应力系数/$(W \cdot cm^{-1})$	90	—	140	70
延伸率/%	22	—	30	1
Li 中的腐蚀温度范围/℃	535~580	430~470	—	—
Li-Pb 中的腐蚀温度范围/℃	410~450	370~400	—	—
辐照后 DBTT/℃	>25	<室温	—	—
最高使用温度/℃	550	550	—	—

3.4.1 RAFM 钢发展简介及几种典型 RAFM 钢

3.4.1.1 合金元素的选用

在聚变堆中，原子级联碰撞产生的损伤高达 10dpa*/年，而 H/He 的产生率也达到了 1000/400appm*/年。在低于 700K 的温度时，结构材料会发生辐照硬化和辐照脆化，

---

* dpa 表示每个原子的离位次数。

* appm 指摩尔分数，$1appm = 10^{-6}$。

而当温度大于 700K 时材料又会产生空洞肿胀与氢脆。聚变堆结构材料的服役环境大概在 575～1100K，瞬间高热使负载损伤高达 200dpa，同时，He 粒子浓度与损伤比达到 10appm He/dpa，远远超过了裂变堆结构材料面临的数值，处于高辐照环境中。

因此，设计低活化铁素体/马氏体钢时，需要在满足一般耐热钢的基本性能要求（优良的抗氧化腐蚀性能，优异的高温强韧性，较好的热稳定性，高热导率和低热膨胀等）基础上，还需要满足低活性和低辐照肿胀率等特性。

（1）优良的抗氧化性能：高抗氧化腐蚀性能，是指高温时，在钢表面形成薄而致密抗氧化腐蚀膜，且稳定附着，从而阻止气氛中的氧化作用。因此需在成分中加入 Cr、Si、Al 等合金元素，它们先于 α-Fe 生成致密稳定且牢固地附着在基体上的惰性氧化物膜。

（2）热强韧性：决定强韧性的是各组成相原子间的结合键力，高温会减弱这个结合键力。原子间结合键力的大小可以通过以下物理指标获得信息：熔化温度、再结晶温度、弹性模量、自扩散激活能、热膨胀系数等。当最后一项越小，其他项越大时，钢的热强性越高。提高热强性的措施有固溶强化，组织强化以及第二相粒子强化。固溶强化中，元素可与 α-Fe 形成置换固溶体，产生晶格畸变，以提高原子间的键合力，典型的元素有 W、Mo、Cr、Co、Cu 等。另一种为间隙固溶，存在 Fe 原子的间隙中，如 C、N、B 等元素。对于耐热钢而言，组织强化主要指板条马氏体强化，它可通过热处理工艺获得。固溶合金元素可有效增大钢的淬透性，扩大铁素体区，并形成大量的位错以稳定回火马氏体。这样的元素有 C、W、Mo、Cr、B 等。还有一些合金元素可在回火过程中，析出原子间结合强度很高的呈细小弥散分布的强化相，实现第二相粒子强化，如 C、Hf、Zr、Ti、Ta、Nb、V、W、Mo、Cr、Cu、N 等。

（3）高温稳定性：热稳定性与原子的扩散过程密切相关。由于晶界上面缺陷和线缺陷的堆积，原子扩散在晶界上优先进行，这也是热处理过程中原子核优先在晶界形核的主要原因。而随着温度升高，原子扩散加剧。因而降低原子在晶界上的扩散是改善热稳定性的关键。而能降低 α 固溶体晶界能，延缓晶界扩散过程，防止或延缓晶界上出现脆性析出相的元素有 B 等。

（4）高的热导率与低的热膨胀性能：对于钢来说，欲获得高热导率和低热膨胀，显然应放弃面心立方结构的奥氏体基体，但考虑到辐照性能等，在一定条件下应采用体心立方的铁素体/马氏体钢。

（5）良好的辐照性能：低活化铁素体/马氏体钢在强辐照条件下仍具有固有的几何稳定性、较低的辐照肿胀系数和热膨胀系数、较高的热导率等优良的热物理特性。因此，在成分和组织设计时，必须考虑基体和晶界区应有很好的减弱中子辐射的功能。即加入活性低和活性衰减周期短、废物处理方便及安全的元素。结合表 3-2 的数据，基体设计为体心结构，建议不采用 Nb、Mo、Co、Ni、Cu、N、Al、Ag 和 ^{10}B 等元素，见图 3-11。除此之外，对其他合金元素的含量如 Si 最好也应受到控制。

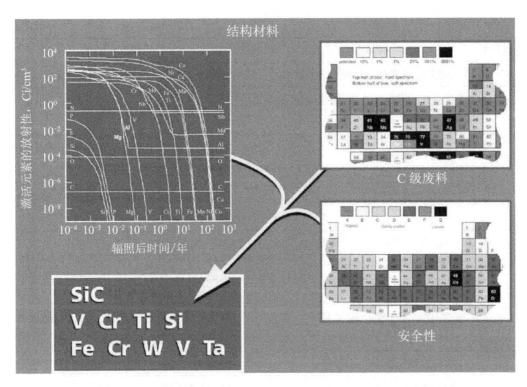

图 3 - 11　从元素的辐照诱发活性、废物处理和安全性考虑而选出的元素列表

　　(6)抑制 δ - 铁素体：δ - 铁素体是脆相，在受力过程中极易产生裂纹并极速扩展，且其一般以长条甚至网状形态存在，导致裂纹的快速扩展，使材料断裂失效。因此，在设计 9% ~ 12% Cr 耐热钢时，需要确保在奥氏体化过程中形成 100% 的奥氏体，而无 δ - 铁素体的形成，才能保证在冷却时能得到 100% 的马氏体组织。而 9% ~ 12% Cr 钢中大多数碳化物形成元素为铁素体稳定元素，所以需要通过加入 Ni、Mn、Cu 和 Co 等奥氏体形成元素来抑制 δ - 铁素体的形成。抑制 δ - 铁素体所需元素的含量可以通过 Cr 质量分数计算的经验公式计算获得，Schaeffler 经验公式如下：

$$w(Cr) = w(Cr) + 6w(Si) + 4w(Mo) + 1.5w(W) + 11w(V) + 5w(Nb) + 12w(Al) + 2.5w$$
$$(Ta) + 8w(Ti) - 40w(C) - 2w(Mn) - 4w(Ni) - 2w(Co) - 30w(N) - 3.4w(Cu) \qquad (3-4)$$

　　增大 Cr 当量，δ - 铁素体的形成倾向就增大，随之而来的是韧性和持久强度明显下降；Cr 当量在 6.5 以下，可避免有害于持久强度、塑韧性及辐照肿胀性能的 δ - 铁素体的形成。

　　试验钢中各合金元素的存在状态及作用如表 3 - 3 所示。

表 3 - 3　各化学成分在低活化钢中的作用

合金元素	优点	缺点
B	提高蠕变强度和淬透性；稳定 $M_{23}C_6$ 颗粒，阻碍其粗化	降低冲击韧性
C	碳化物形成元素	

合金元素	优点	缺点
Co	抑制 δ-铁素体，降低扩散系数 D	辐照下产生长半衰期感生辐射核素
Cr	提高抗氧化能力，降低 M_s，升高 A_1，$M_{23}C_6$ 的主要元素	增大扩散系数 D
Cu	抑制 δ-铁素体	促进 Fe_2M 析出，产生长半衰期感生辐射核素
Mn		增加扩散系数 D，降低蠕变强度，降低 A_1，促进 $M_{23}C_6$ 析出
Mo	降低 M_s，升高 A_1，固溶强化	加速 $M_{23}C_6$ 长大
N	VN 形成元素	
Nb	形成 MX 导致析出强化	产生长半衰期感生辐射核素
Ni	抑制 δ-铁素体	增大扩散系数，降低蠕变强度，降低 A_1，产生长半衰期感生辐射核素
Si	提高抗氧化能力	降低 A_1
Ta	形成 MX 析出强化	增加扩散系数 D，减小蠕变强度
V	形成 MX 析出强化	
W	降低 M_s 升高 A_1，延迟 $M_{23}C_6$ 粗化，固溶强化	长时高温下形成 Fe_2M 型 Laves 相

对以上主要添加的合金元素，就其作用分别做简单介绍如下：

（1）C 作为 Fe 原子强化效果最显著的间隙原子，既可以与金属元素形成碳化物，也可以以固溶态存在于 Fe 原子的间隙中，通过使 Fe 原子产生晶格畸变的方式强化基体。C 的两种存在形式，都可提高材料的强度，且随着 C 含量的增加，钢的强度显著增加。金属合金元素与 C 形成碳化物的能力由强至弱的顺序为：Ti、Zr、V、Ta、Nb、W、Mo、Cr、Mn、Fe。但钢中 C 元素含量过高，在耐热钢服役过程中会形成生成粗大的 $M_{23}C_6$ 颗粒，导致强度降低、韧脆转变性能指标恶化等。以 C 质量分数为 0.20% 的 HT9 钢与 C 质量分数为 0.10% 的 9Cr-1Mo 钢为例对比分析，虽然 C 质量分数仅差 0.10%，但是其辐照脆性却差别很大，在实验设备上进行辐照时，高碳的 HT9 钢的 DBTT 在辐照剂量较低时随辐照温度升高先下降后提高；当辐照剂量高达 $\Phi=26\text{dpa}$ 时，DBTT 达到 ≥40 K 的饱和值；但对于低碳 9Cr-1Mo 钢，在不同剂量辐照情况下，DBTT 均达到约 0 K 饱和值。Sencer 等发现，在 482℃ 及以上温度，C 元素的添加量对 Fe-12Cr 合金肿胀率的影响十分显著。因此在设计 RAFM 钢时，一般 C 的质量分数控制在 0.10% 左右。

（2）Cr 是低活化钢中保证耐腐蚀性和抗高温氧化性极其重要的元素之一，由于 Cr 是铁素体形成元素，有利于淬火后得到马氏体组织实现组织强化。另外 Cr 使基体的电极电位升高，当 Cr 含量达到某一浓度时，这种提高发生突变。但当 Cr 的摩尔分数增加到

12.5%、25%和37.5%时，腐蚀速率会突然急剧降低，抗腐蚀性提高，这种变化规律通常叫作 $n/8$ 规律。但提高 Cr 含量在降低钢的腐蚀速率的同时，也会引起时效脆化。Cr 也是影响低活化铁素体钢的韧脆转变温度（DBTT）的主要因素之一。经大量试验研究发现，Cr 为 9.0%（质量分数）时的低活化钢在辐照前后具有最低的 DBTT 值，因此为了保证足够的强韧性、较好的抗腐蚀能力和抗辐照性能，RAFM 钢中的 Cr 的成分含量（质量分数）设计为 9.0%。

（3）W 也是影响 RAFM 钢强度和韧脆转变温度 DBTT 的重要元素。但由于 W 会促进析出大量的 Laves 相，而 Laves 相长大速率高，粗化的 Laves 相将显著恶化韧性，因此，在保证所需的高温强度情况下，也需要控制 W 含量来尽量减少服役过程中 Laves 相析出的体积分数。W、Mo 元素在钢中大部分以固溶态存在，以固溶强化为主，它们通过降低扩散系数的方式阻止奥氏体晶粒长大。但 Mo 为感生放射性核素，因此为降低材料活性，一般采用 W 代替 Mo 的措施。随着 W 含量增加，蠕变强度增加，但当含量超过 3%，蠕变强度达到一平台水平。同时增加 Cr、W 含量将提高高温力学性能和抗腐蚀性能，然而 Cr、W 都有缩小 γ 相区的作用，如果含量过高会导致 δ-铁素体相变，将导致力学性能显著降低。Abe 通过试验发现 9Cr-4W 钢中含有 δ-铁素体，而 9Cr-2WVTa 及 9Cr-3WVTa 钢中检测到，这也证实了 W 可以促进 δ-铁素体的形成。

（4）V、Ta 均为强碳化物形成元素。通常情况下 Ta 在冶炼过程中，即较高温度就形成 MX 颗粒，而 V（N、C）在较低温度析出，这些细小弥散的碳化物颗粒对位错起钉扎作用，如果这些颗粒分布在晶界上可以显著改善力学性能和高温蠕变性能。在轧制过程和热处理过程中，MX 相能有效阻止奥氏体再结晶晶粒长大，细化奥氏体晶粒尺寸，提高低活化钢的强度和韧性。但对于低活化钢而言，大量试验数据表明，过高的 V 含量并不能改善蠕变性能。在 900～1050℃之间奥氏体化处理时，Ta 含量高的 Eurofer97 钢相较于 Ta 含量低的 F82H 钢，原奥氏体晶粒平均尺寸前者约为后者的 1/2，显著细化了晶粒尺寸。Donon A 等研究了高 Ta 的 Eurofer97 钢与不含 Ta 的 LA12LC 钢的奥氏体晶粒平均尺寸随温度变化的规律，发现在相同的奥氏体化温度下，0Ta 的 LA12LC 钢的奥氏体晶粒尺寸同样也远大于高 Ta 的 Eurofer97 钢。在低活化铁素体马氏体钢中，Ta 以等原子比例替代高活化元素 Nb。

综合考虑以上因素，最终确定在 7%～9% Cr 铁素体/马氏体钢耐热钢的基础上，叠加低活化考虑因素，用低放射性元素 W、Ta、V 来代替高放射性合金元素 Mo、Nb、Ni 实现低活化。研发适用于聚变反应的低活化马氏体耐热钢。

3.4.1.2　RAFM 钢发展简介及几种典型 RAFM 钢

RAFM 钢根据钢中主要合金元素铬含量的不同分为下面两种类型：含铬 2%～3% 的贝氏体钢和含铬 7%～9% 低活化铁素体/马氏体钢。日本和美国的研究机构都对低铬贝氏体钢进行了大量的研究，发现相同的热处理条件下低铬贝氏体钢强度优于含铬 9% 的低活化铁素体钢，并且低铬铁素体钢在淬火＋回火条件下得到的冲击韧性要优于正火＋回火的。采用正火＋回火的热处理工艺可以获得粒状贝氏体和尺寸较大的球状碳化物，而采用淬火＋回火工艺则获得针状贝氏体和尺寸细长的碳化物。不同的贝氏体组织结构是导致冲击韧性不同的原因。与含铬 7%～9% 低活化铁素体/马氏体钢相比，低铬贝氏体钢具有生产成本较低和强度略高的优点。但是在检测辐照对冲击性能影响的实验中，发现低铬贝氏体钢的韧性转变温度（DBTT）受辐照影响非常严重，而含铬 7%～9% 低活化铁素体/马氏体钢的韧性受辐照影响较小，并且其综合力学性能最好。

最终，美国橡树岭国家实验室成功研制出了 9Cr-2WVTa 低活化钢。从 1992 年开始，日本在国际能源机构的支持下也开始进行研究，开发出了 F82H 低活化钢，对其进行了全面的性能测试并成立了数据库。从 1995 年开始，在日美聚变材料合作计划的资助和推动下，日本研发了 JLF-1～JLF-6 系列低活化钢。紧接着 1997 年，欧洲研发出了 Eurofer 97 低活化钢。除此之外，中国、俄罗斯、韩国和印度等国也都相继研发了本国的 RAFM 钢，分别为 CLAM 钢和 CLF-1 钢、EK181 钢、ARAA 钢以及 IN-RAFM 钢。国内外常用的 RAFM 钢主要成分如表 3-4 所示。

表 3-4　国内外常用的 RAFM 钢主要成分（质量分数/%）

	C	Si	Cr	Mn	W	Ta	V	Ti	N
9Cr-2WVTa	0.1	0.2	8.5～9	0.45	2	0.07	0.25	—	—
Eurofer97	0.1～0.12	<0.05	8～9	0.4～0.6	1.0～1.2	0.06～0.10	0.2～0.3	<0.01	0.02～0.04
JLF-1	0.1	<0.1	9.0	0.45	2	0.07	0.19	—	0.05
F82H	0.1	0.1	8	0.5	2	0.04	0.2	—	<0.01
CLAM	0.1	<0.01	9	0.45	1.5	0.15	0.20	<0.006	<0.02

虽然我国对 RAFM 钢的研制工作起步较晚，但是发展较快。2001 年，中国科学院核能安全技术研究所联合国内一些高校和科研院所成立了 FDS 团队并开始研发中国低活化马氏体钢（china low activation martensitic steel，CLAM 钢）。经过 20 多年的发展，完成了 CLAM 钢的成分和热处理工艺优化，冶炼规模已达到了吨级工业水平，并对其微观组织、服役性能、焊接技术、辐照行为等进行了大量的测试研究。建立了丰富的数据基础。

9%～12% Cr 钢的标准热处理为正火 + 高温回火。奥氏体化温度在 A_1 温度以上 40～60℃，一方面保证大多数碳化物和氮化物重新固溶到基体中，提高淬火后的马氏体组织强度，另一方面为后续回火过程中的第二相粒子析出做准备。若经奥氏体化的淬火组织中含有白亮色铁素体，则为 δ -铁素体，是奥氏体化温度过高引起的相变，因此，在保证大部分析出相回溶的条件下，也需要控制奥氏体化温度不能过高，以防奥氏体晶粒过大甚至出现 δ -铁素体相变。由于耐热钢中还有大量的层错能，所以空冷的冷速即可获得完全马氏体组织，因此，对于耐热钢的正火有些研究者也称之为空淬。由于马氏体组织含高密度位错结构，此时的钢硬而脆，因此需要通过回火降低硬度，提高韧性。为了获得理想的强度，在冷却至室温的过程中要保证大多数奥氏体转变成马氏体。而马氏体终止转变温度 M_f 点要在室温以上，以防残余奥氏体保留至室温而降低强度。对于 9%～12% Cr 钢，正常的空冷方式足以发生马氏体转变，因为高含量 Cr 原子会延迟 C 原子的扩散，铁素体的转变时扩散型相变。而 M_s 是马氏体转变开始温度，M_s 越高，转变马氏体的量越大。由于马氏体转变是非扩散型瞬间相变，因此，而只要在 M_s 以下温度，马氏体转变一直进行，

直到温度低于 M_f 温度以下，相变终止。下式粗略地估计了元素对 M_s 点的影响：

$$M_s = 550℃ - 450w(C) - 33w(Mn) - 20w(Cr) - 17w(Ni) - 10w(W) - 20w(V) - 10w(Cu)$$
$$- 11w(Nb) - 11w(Si) + 15w(Co) \qquad (3-5)$$

由经验公式（3-5）可知，提高 M_s 点的唯一的元素是 Co，它还是奥氏体形成元素，因此 Co 是比较重要的元素之一。回火一般是为了增加韧性，回火温度一般选择在 680 ~ 780℃ 温度区间，并根据所需的性能具体选择回火温度。需要较高韧性，选择高的回火温度；需要较高强度，选择较低的温度区间回火。低活化铁素体耐热钢的组织和普通铁素体耐热钢的组织基本一致，本章不再赘述。

3.4.1.3　几种典型 RAFM 钢加工工艺

经常采用大规模熔炼的热加工方式来探索增强 RAFM 钢的低活化性能。F82H-BA07 是较早采用大规模熔炼的一种典型钢材，2007 年采用真空感应熔炼（VIM）冶炼了 5 吨 F82H 原料，随后又进行重熔。它的各项性能指标可与 F82H-IEA 方法熔炼的钢材相当，甚至更加优异。另外，考虑到控制杂质含量的技术需求，电弧炉熔炼是一个不错的进行大规模生产的选择，而且这种冶炼方法有利于维持 F82H 各项性能的稳定性。2012 年用电弧炉的方式生产了 20 吨 F82H-BA12，冶炼过程中用炉外精炼和 ESR 重熔相结合的方法去除杂质，提高纯净度，制成了低 N 钢。其制造原料是高炉铁，浇铸的钢锭被锻造成 270mm × 500mm × 2200mm 的钢板和 210mm × 2600mm 的钢坯。

1）冶炼

目前国际上广泛采用真空感应熔炼来制备 RAFM 钢，但是核电用钢要求较高的可靠性和纯净度，近年来，有些机构也尝试采用真空感应熔炼 + 电渣重熔工艺提高低活化钢的性能。本小节对真空感应熔炼和电渣重熔冶炼的原理进行简要介绍。真空感应熔炼（vacuum induction melting，VIM）是指在真空条件下利用电磁感应在导体内产生涡流来加热物料的熔炼技术。由于在真空下熔炼，钢和合金中的氮、氢、氧和碳可以充分和净化剂发生反应，进而被去除，使得钢液中的这些杂质原子降低到远比常压下冶炼更低的水平。同时，在熔炼温度下，蒸气压比基体金属高的杂质元素（铜、锌、铅、锑、铋、锡和砷等）以气体形式挥发出去，进而达到净化的目的。而合金中需要加入的铝、钛、硼及锆等活性元素的含量更易于控制。因此经真空感应熔炼的金属材料可显著提高冲击韧性、疲劳强度、抗腐蚀性、高温蠕变性能及磁性合金的磁导率等各项性能。真空感应熔炼炉起源于德国，进入美国后迅速发展。1991 年德国 ALD 真空技术公司开发的真空感应脱气浇注工艺大大缩短了生产周期，极大地提高了工作效率和产品质量。电渣重熔（electro slag remelting，ESR）是将浇注的电极利用通过渣层产生的电阻热进行二次熔炼，通过 ESR 可以提高产品的均匀性和冶金质量。电渣重熔包括电渣熔铸、电渣浇注、电渣热封顶、电渣焊接以及自熔电渣重熔等。电渣冶金钢中稳定夹杂物总含量比熔炼前降低 1/2 ~ 1/3，同时使钢的力学性能各向异性最小化，而且夹杂物分布均匀、细小，极大地提高了金属材料的冶金质量和使用寿命。绝大部分钢种的强度、塑性都达到电弧炉锻材水平。电极熔化实验是霍普金斯在 1937 年美国提出，并于 1940 年获得专利。20 世纪 60 年代后，世界各国对电渣重熔技术的认识不断加深。该技术不仅操作简单，生产成本低，而且电渣钢的冶金质量，如表面质量，去硫磷、去除非金属夹杂物及结晶组织等方面均优于真空电弧重熔得到的钢坯，因此得到快速发展。20 世纪 70 年代到 80 年代中期，电渣炉的装备水平和技术水平大幅提高。其中 Enomoto 等学者采用二次精炼工艺 ESR 对 F82H 钢夹杂物的影响进行了研究，试验结果表明，在 VIM 冶炼的 F82H 钢中主要夹杂物是 TaO_x 和 TaO_x-Al_2O_3，而经过 ESR 工艺精炼过的 F82H 钢中未见含 Ta 的氧化物夹杂，而是只有细小均匀分布的 MnS 和 Al_2O_3，两炉钢的韧脆转变温度（DBTT）无显著区别。VIM 冶炼的钢中 CLAM 和 CLF-1 钢，相比淬火回火态而言，在 550℃ 时效 2000h 拉伸性能没有退化，而且蠕变性能得到较大的改善，而 700℃ 时效 100h 蠕变性能急剧恶化（但是经过二次精炼的 Eurofer97 钢 550℃ 时效 20 000h，蠕变性能无显著改变。

夏志新通过试验发现，VIM 工艺冶炼的低活化钢中沿晶界和板条束界分布的铬的碳化物为球状的 $M_{23}C_6$ 和杆状 M_7C_3 相，随后在时效过程中发生 M_7C_3 向 $M_{23}C_6$ 的演变。而采用 VIM+ESR 工艺冶炼的低活化钢中只有球状的 $M_{23}C_6$ 沿晶界和板条束界分布。造成该现象的原因是真空感应冶炼+自耗重熔冶炼可以促使低活化钢中 W 元素的均匀分布，而 M_7C_3 在贫 W 区析出，且 W 能促进低活化钢中 M_7C_3 向 $M_{23}C_6$ 转变。两个方面的共同作用，使得 M_7C_3 在铸件组织中消失。但同时也发现冶炼工艺和时效处理对低活化钢的拉伸强度和硬度无显著影响，但是相比 VIM 工艺，VIM+ESR 工艺可以极大改善低活化钢的冲击韧性和抗蠕变性能。因为形态比（长：宽）为 2.3 的杆状 M_7C_3 相比形态比为 1.2 的 $M_{23}C_6$ 更容易使剪切撕裂带扩展，有利于改善冲击韧性和蠕变性能。经过 VIM+ESR 处理，韧脆转变温度降低 20 K，且上冲击平台值大约提高 50 J，蠕变断裂时间从 8.8h 增加到 35.2h，最小蠕变速率从 $2.14×10^{-6}$/s 降低到 $4.76×10^{-7}$/s。

2）热处理

铁素体/马氏体钢的高温转变曲线如图 3-12 所示，由图可知温度高于 960℃ 时，可以获得完全奥氏体组织，典型 RAFM 钢的热处理工艺如表 3-5 所示，在 980~1050℃ 温度之间保温 0.5~1h 后进行奥氏体化，空冷至室温或淬火至室温。回火工艺为 750~780℃ 保温 1~1.5h，空冷至室温。淬火可以得到高强度、高位错密度的马氏体组织，但是材料的塑韧性较差。随后的高温回火对材料的综合性能起到关键调控作用，如果采用的回火工艺不当（如回火时间过长或温度过高），将使材料的性能发生明显恶化，由于马氏体的过回火而导致材料变软。

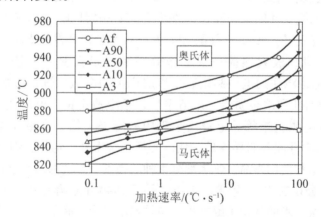

图 3-12 铁素体/马氏体钢的高温转变曲线

RAFM 钢的热处理工艺选择需按其 CCT 相变曲线指定。图 3－13 是 Eurofer97 低活化耐热钢的相变图谱。

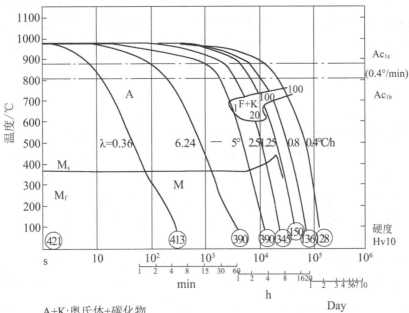

图 3－13　Eurofer97 低活化钢的 CCT 曲线

表 3－5　几种典型低活化铁素体/马氏体钢的热处理工艺

RAFM 钢	正火工艺	回火工艺	微观组织
F82H	1040℃，40min	750℃，1h	马氏体
JLF－1	1050℃，1h	780℃，1h	铁素体
9Cr2WVTa	1050℃，30min	750℃，1h	马氏体
Eurofer97	980℃，30min	760℃，1.5h	完全马氏体
CLAM	980℃，30min	760℃，1.5h	完全马氏体

正火温度的选择需要考虑以下因素：①足够高的温度：保证完全奥氏体化，并使大部分析出相重新回熔到基体中，进而保证足够的固熔强化效果。同时为后续回火过程中强化相的析出准备充足含量的合金元素。②不可过高的温度：一方面保证奥氏体晶粒不粗化，提供足够多的晶界面积，进而使析出相可以均匀细小地析出；另一方面不发生脆相 δ－铁素体相变，保证完全的奥氏体组织。

回火温度的选择则需要考虑析出相的大小、位置及形态，同时也需要考虑基体的强度，防止合金元素大量析出，导致析出相在服役过程中加速粗化。同时也保证固溶强化效果。

3.4.2 RAFM 钢服役性能和组织退化

国内外对以上五种低活化钢做了大量的深入研究测试，主要集中在辐照前的机械性能、组织观察、材料的焊接性能、高温热稳定性、磁场稳定性及辐照损伤等。材料的机械性能主要包括拉伸性能、冲击性能、断裂韧性、蠕变性能、疲劳性能等。下面分别对以上几种 RAFM 钢辐照前后的机械性能做简要介绍。

3.4.2.1 RAFM 力学性能

1）常规力学性能

目前国际上常用的 RAFM 钢，由于化学元素的含量和种类不同，其性能略有差异，但常规性能差异化不大。本节以 Eurofer97 钢为例，介绍其的屈服强度和拉伸强度，结果如图 3-14a 所示。Eurofer97 钢的拉伸强度和塑性（延伸率）基本与 F82H 钢及其他 9Cr 马氏体耐热钢类似。但是 Eurofer97 钢的晶粒尺寸为 F82H 钢的1/3，两者的拉伸性能、蠕变性能、辐照硬化特性等都基本类似，但前者具有较低的韧脆转变温度。冲击和断裂韧性差异如图 3-14b 所示，Eurofer97 的上平台冲击吸收能几乎等同于 F82H，但韧脆转变温度 DBTT 明显低于 F82H。而不同时效温度对 F82H 钢 ΔDBTT 的影响显著，如图 3-15 所示，随着时效温度和时间的增加，ΔDBTT 变大。F82H 热物理性能接近常规 9Cr 钢，相对于奥氏体钢具有较好的抗辐照肿胀、抗腐蚀性能以及热导率高等特点，但是辐照下 DBTT 变化较大。

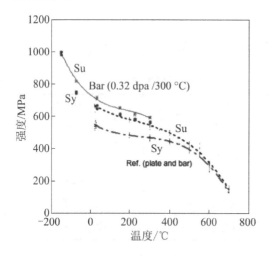

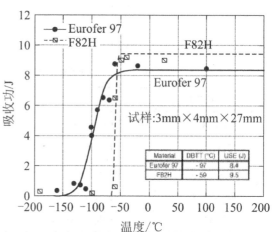

（a）Eurofer97 的拉伸性能与温度的关系　　　（b）Eurofer97 和 F82H 的冲击性能比较

图 3-14　Eurofer97 及 F82H 的机械性能

2）焊接性能

焊接是指在加热或者加压或两者并存条件下，用或不用填充材料，使焊件发生冶金反应最终获得永久性连接的工艺技术。该技术应用广泛，在核反应堆的制造过程中也同样举足轻重。核聚变反应堆的包层模块直接接触聚变反应，工作环境恶劣，而同时包层结构复杂，体积庞大，对压力密封性要求较高。因此，其结构组件的同种或异种材料的焊接性能稳定性成为核反应堆实际应用发展中的关键问题。RAFM 钢合金成分复杂，在焊接时形成的熔池流动性较差，同时焊接过程中会存在一定的温度梯度，而 RAFM 钢具有较高的层错能，在空冷速度下即可发生马氏体相变，这些因素均会导致或加重接头的组织和成分之间的差异，容易产生焊缝区硬化、发生 δ - 铁素体相变、热影响区软化等现象，以及时效脆化倾向、第Ⅳ裂纹等缺陷，从而影响接头的质量。同时焊接接头在中子辐照后也会产生辐照肿胀、气泡、脆化等现象，导致焊接接头性能恶化严重。因此，为了实现核反应堆安全、高效、稳定的运行，RAFM 钢的焊接技术和工艺研究成为包层模块制造以及核反应堆投入商业应用的关键技术。

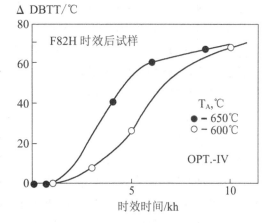

图 3 - 15　不同时效温度下 DBTT 增量与时间的关系

　　根据 RAFM 钢的化学成分和冶金特点，国内外许多科研工作者对 RAFM 钢的焊接技术进行了大量的研究，主要包括焊接工艺和参数、接头显微组织和力学性能、辐照对接头组织和力学性能的影响等。RAFM 钢焊接常使用的焊接方法主要是钨极氩弧焊（tungsten inert gas，TIG）、搅拌摩擦焊（friction stir welding，FSW）、激光焊（laser beam welding，LBW）、电子束焊（electron beam welding，EBW）、真空扩散焊、热等静压扩散焊（hot isostatic pressure，HIP）、瞬间液相扩散连接（transient liquid phase bonding，TLP）等。由于 RAFM 钢的焊接性能较差，国内外大多采用熔化焊的方式对其进行焊接，并积累了丰富的实验数据，其工艺技术也愈发成熟。通常采用的熔焊工艺主要有 TIG 焊、EBW 和 LBW。传统的熔化焊缝的热影响区的组织依次为粗晶区、细晶区、临界区和过回火区。焊接接头力学性能的恶化主要由在焊缝区形成的脆性组织及在细晶区第Ⅳ类裂纹造成。大量研究发现焊后热处理可以在一定程度上改善接头的组织和性能。顾康家等发现在经过焊前热循环和焊后高温回火处理后，焊缝区和靠近焊缝的热影响区的组织为粗大的板条马氏体，位错密度高，而靠近母材的热影响区的组织为细小的回火马氏体，出现了软化现象。A. Alamo 等研究发现经过高温（400℃/500℃）长时（10 000h）处理后，TIG 焊接接头的冲击功和母材相比下降了约 40%，其他的力学性能和母材相比没有明显变化。Kumar 等对于 12mm 厚的 RAFM 钢板进行了混合激光焊接，凹槽设计也针对单道和双道焊接进行了优化，焊缝横截面的宏观组织图如图 3 - 16 所示，所有的焊缝无缺陷，并成功通过了 180°弯曲试验测试。焊接试样的拉伸强度值与母材的拉伸强度相当。

　　（1）搅拌摩擦焊。搅拌摩擦焊所需的焊接温度在母材的 A_{c1}～A_{c3} 温度范围内，有时甚至高于 A_{c3} 温度，利用摩擦热和塑性变形热使焊接区域发生软化，而不形成液相熔池，实现固相连接。FSW 工艺中产生的热量非常低并且没有材料熔化，因此可以避免传统熔化焊过程中产生的夹杂物、气孔、晶粒粗化等焊接缺陷。但是，搅拌摩擦焊对焊接接头的结构、焊接设备及夹头的刚性等有较高的要求。另外，FSW 的焊接参数，如焊接速度、焊接转速等直接影响焊接接头的质量。Y. Yano 等对高 Cr 低活化铁素体/马氏体钢进行了 FSW 焊接工艺的研究，在焊接速度 100mm/min、焊接转速 100～300rpm 参数下获得了无缺陷的 FSW 接头，且室温下搅拌区的拉伸强度是母材的 1.8 倍，而 550℃试验温度下，母材和搅拌区的高温拉伸强度和延伸率都没有明显的变化。张超等采用 200～400 rpm 焊接转速进行 FSW 焊接，结果发现接头搅拌区的组织主要为大量板条马氏体和少量的残余奥氏体，热影响区和细晶热影响区的组织为板条马氏体，而临界热影响区的组织为板条马氏体和再结晶铁素体的混合组织。而在 600℃测试温度下的焊接接头搅拌区的冲击韧性及高温抗蠕变性能优异，且随着焊接转速的增加，搅拌区的抗拉强度也逐渐增加，但延伸率下降至 10%～15.5% 范围内。且在 600℃/240MPa 条件下，FSW 接头的蠕变断裂时间长达 4968h。V. L. Manugula 等采用焊接速度 30mm/min、焊接转速 200～700rpm 对 RAFM 钢进行 FSW 试验，实现了 RAFM 钢无焊接缺陷的可靠连接。且随着焊接转速增加至 700rpm 时，搅拌区组织内含有大量的马氏体板条，马氏体板条宽度 10～50nm，且在原奥氏体晶界和马氏体板条界处的 $M_{23}C_6$ 碳化物几乎完全溶解。

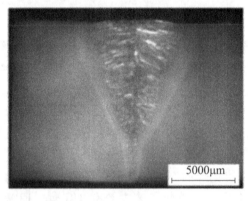

(a) 单道   (b) 双道

图 3-16　焊缝横截面的宏观图

（2）RAFM 钢的扩散焊。根据扩散焊接过程中是否存在液相，扩散焊可以分为固相扩散焊和液相扩散焊。固态扩散焊是指在一定的温度和压力下，使待连接面紧密接触，通过连接界面的塑性变形、原子扩散和晶界迁移、界面孔洞消失等过程实现同种材料或异种材料之间的直接连接或加中间层连接的一种扩散连接方法。在连接过程中，连接温度、保温时间、压力、中间层等工艺参数都会对接头显微组织变化和性能产生直接的影响。李春京等对 CLAM 钢热的等静压焊的试验发现，在温度为 1100℃和 1150℃、压力为 140MPa、连接时间为 4h 时，接头可以实现有效连接，组织均匀并且没有观察到明显的孔洞。且此时 CLAM 钢焊接接头的拉伸强度和母材相当，但由于结合面上有一层氧化膜，大量的 Al、V、Si 等元素在界面处富集形成氧化物，而导致接头冲击性能的下降。周晓胜等通过两步单轴扩散连接工艺实现了 CLAM 钢同种材料的可靠连接，接头界面紧密结合，没有发现有明显的组织缺陷，但有少量的残余奥氏体存在于马氏体板条之间，可能会削弱接头的抗辐照能力。且在拉伸性能测试中发现，所有的拉伸试样均在母材中断裂，实现了 CLAM 钢的有效连接，但是接头的冲击断口呈现出河流性花样、脆性断裂的特点，冲击性能较差，这可能与接头界面的表面粗糙度有关。因此，固态扩散连接对待连接面的表面质量有较高的要求，待连接表面的表面粗糙度会直接影响接头的质量。Li 等研究了表面处理工艺对热等静压焊接头的影响，结果发现相比手工研磨，干磨和干铣可以大大提高接头的界面结合率。

异种材料之间进行扩散连接时，通常会采用加入中间层的方法降低连接工艺的难度。比如 W 和 Eurofer 97 钢扩散连接时，由于两种母材的热膨胀系数存在较大的差异会使界面处的残余应力较高，所以采用加入中间层 Nb 的方法来实现扩散连接。在 Eurofer 97 钢和 Nb 的界面处生产了由碳化铌组成的硬脆反应层。接头能够承受较高的拉应力，特别是在 550℃下的抗拉强度甚至接近 Eurofer 97 钢。但冲击性能较差，低于钨的冲击性能。室温拉伸试样的断裂面分析表明，反应层存在脆性断裂。在测试温度 550℃下，Nb/W 的界面发生断裂。当采用 V 中间层在 1050℃温度下连接 1h 时，接头的冲击性能得到了很大的改善，和母材 W 的冲击性能相当。固相扩散连接过程中需要施加很大的压力来保证待连接面的紧密结合，但压力过大会使工件发生变形，使接头中存在较大的残余应力。

（3）瞬间液相扩散连接。D. S. Duvall 在 1974 年首次提出了瞬间液相扩散连接（TLP）的概念，使用 Ni-Co 合金作为中间层对 Ni 基耐热合金进行连接，获得了没有脆性相的无界面接头，界面结合率达 100%。瞬间液相扩散连接，又称扩散钎焊，其过程是将含有降熔元素（如 P、Si 和 B）的中间层合金夹在母材的待连接表面之间，然后在一定的压力和真空环境下将组装件加热到中间层的液相线和母材的液相线之间的温度并保温一定的时间。当加热到高于共晶温度时，金属箔熔化并在连接界面处形成一层薄薄的液体，润湿接触的母材表面。母材发生溶解导致液相层加宽，直到达到液相宽度的最大值。若保持温度不变，则界面处的固相线和液相线的浓度将保持不变。由于界面处存在溶质元素的浓度梯度，所以溶质不断从液相扩散到母材中，进而导致固/液界面不断地向前移动，剩余液相含量将不断减少。这种外延生长的过程即为等温凝固。一般认为 TLP 过程分为四个阶段：①中间层熔化。这一过程发生在试样加热过程中，达到熔化温度后中间层完全变成液体。②母材溶解。中间层液体的均质化和母材的溶解，以及液体和母材之间的反应均发生在这个阶段，使得液体加宽，直到液体和母材达到平衡。通常只需要很短的时间就可以完成。③等温凝固。降熔元素扩散到母材中，固液界面的液相在等温温度下凝固。液相宽度随着保温时间的延长而逐渐减小。这个过程一直进行到所有的中间层液体凝固，形成一个固相接头。④组织均匀化。在连接温度或低于连接温度保温一定的时间，随着中间层元素的扩散，接头的成分更加均匀。TLP 连接接头的微观组织主要分为四个区域：非等温凝固区（non-isothermal solidification zone，NSZ）、等温凝固区（isothermal solidification zone，ISZ）、扩散影响区（diffusion affected zone，DAZ）和母材（base material，BM）。

TLP 连接过程主要受以下四个因素的影响：①连接温度：TLP 连接温度主要决定于中间层的熔点和母材所允许的最高加热温度，一般采用高于中间层熔点 30～100℃。连接温度是影响元素扩散的重要因素。较高的连接温度有利于原子快速扩散进而缩短等温凝固时间，但是过高的连接温度会造成晶粒长大、第二相粗化等问题，损害母材的性能。因此，确定连接温度时需综合考虑多种因素。②连接压力：在 TLP 连接过程中施加适当的压力可以将多余的液相挤出，加快液体的铺展速度。随着压力的增加，原子的扩散距离逐渐增加，从而减少了等温凝固的时间，同时在一定的压力范围内，接头的强度随压力的增加而增加。③保温时间：在给定的温度和压力下，足够的保温时间可以保证元素的充分扩散，完成等温凝固和组织均匀化，但是保温时间过长也会造成母材晶粒粗大。④中间层材料：中间层的选取一般要满足以下两个条件：一是熔点要低于母材；二是成分要含有降熔元素并尽量接近母材的成分。常用的中间层主要有纯金属、接近于共晶成分或共晶成分的合金、非晶合金三大类。选用纯金属中间层时，中间层和母材将会发生共晶反应，所需的等温凝固时间较长。选用接近于共晶成分的中间层时，中间层的熔化速度很快，不与母材发生反应，大大缩短了连接时间。

TLP 连接的过程和现象与传统的钎焊非常相似。二者之间最主要的区别是在焊接过程中形成的液相的凝固行为。传统的钎焊中钎料的凝固是在冷却过程中完成的，而 TLP 连接中，液相的凝固是在保温阶段完成的，是平衡状态下的凝固，从而避免了在冷却过程中形成共晶相。瞬间液相扩散连接结合了固相扩散连接和钎焊的优点，在连接过程中加入含有降熔元素的中间层，连接所需的压力很小，所以接头的残余应力小，变形小。瞬时液相扩散连接具有以下优点：①接头的形成取决于等温凝固，接头界面处没有残留。②由于连接过程取决于中间层的润湿，因此在 TLP 连接之前的试样的处理相对简单。而且使用 TLP 连接工艺修复缺陷宽度大，可达 $100\mu m$。③TLP 连接过程对表面氧化层的敏感度不高。而且由于没有热应力，当连接表面具有稳定氧化物膜，对微结构变化高度敏感并且低温延展性差的金属间化合物材料时，TLP 连接是理想的一种连接方式。④当连接易产生热裂纹或焊后热处理裂纹问题的材料时，TLP 连接是理想的选择。⑤TLP 连接工艺适合大型和复杂形状的零件的制造。

（4）瞬间液相扩散连接接头蠕变性能研究现状。采用瞬间液相扩散连接方法获得的接头组织成分与母材近似，性能也与母材相当。蠕变性能是考核接头是否可靠的一个重要指标。在蠕变过程中，接头组织变化明显。所以，研究其蠕变过程中组织的变化可以为安全生产提供十分重要的参考资料和指导。刘纪德等研究了一种镍基单晶高温合金的 TLP 接头的蠕变变形行为，结果发现中间层与母材之间取向不匹配时，在接头区域会形成许多亚晶界，而在蠕变过程中，大量的微孔在亚晶界附近形成。且随着蠕变形变的增加，微裂纹在这些微孔处萌生。这些微裂纹的扩展和相互连接导致了 TLP 接头在连接处断裂。Malekan 等以 Ni-Cr-B-Si-Fe 合金箔为中间层获得了镍基高温合金 TLP 接头，结果显示，沿晶界均匀分布的硼化物是影响蠕变性能的主要因素，硬而脆的晶界硼化物是裂纹萌生的首选位置。周晓胜等采用瞬时液相扩散连接的方法，以镍基非晶箔为中间层，对 CLAM 钢进行了焊接，结果发现，当温度升到 843℃ 时，中间层中的降熔元素硼沿奥氏体边界向母材扩散，最终形成硼化物和中间层附近的细晶区。由于中间层的熔化和母材的部分溶解，最终中间层的宽度增加。而且，观察到在接头界面附近的区域有细小的孔洞，这可能与铁和镍不同的扩散速率有关。Noh 等使用 Fe-3B-5Si 非晶箔和高真空单轴热压机，采用瞬时液相扩散连接技术连接 ODS 钢，结果发现，焊缝区域元素分布均匀，而在母材和中间层的界面处有的 Y-Ti-O 析出。ODS 钢 TLP 接头在室温至 700℃ 的温度下具有良好的抗拉强度，可达母材的90%。但是与母材相比，它的伸长率和冲击性能较差。Noto 等研究了使用 Fe-3B-2Si-0.5C 中间层对 9CrODS 钢进行瞬时液相扩散连接的方法，结果显示，连接温度为1180℃，保温时间为 0.5～4.0h 时，实现了中间层熔化、母材溶解、等温凝固和组织均匀化完整的瞬时液相扩散连接过程。但是 9CrODS 钢中 Y_2O_3 颗粒的聚集和粗化导致焊缝区域内部以及扩散影响区发生软化。

3）高温热稳定性

过饱和固溶体在热时效（高温长时保温）过程中发生脱溶，同时第二相粒子沉淀析出，从而导致性能逐渐改变。RAFM 钢在高温下长期服役，其基体中过饱和固溶元素 Cr、W、Ta、V 等会以不同晶体结构的第二相形式逐渐析出，而原有的析出相则逐渐长大粗化。同时，RAFM 钢的原奥氏体晶界和马氏体板条界也将发生不同程度的迁移，马氏体板条退化形成亚晶结构。这些组织结构演变对 RAFM 钢的韧性、强度、疲劳、蠕变、腐蚀以及焊接等性能具有重要影响。各国关于 F82H 钢的时效研究较为系统，时效温度范围在 400～650℃，时效时间长达 100 000h。F82H 钢在时效过程中析出相特征随时效时间和时效温度（temperature time precipitation，TTP）的变化曲线如图 3 - 17 所示。F82H 钢在高温下长时间时效过程中析出了两种新相——Laves 相和 M_6C。Laves 相（M_2X）为复杂六方晶体结构，M 主要是 Fe、Cr，X 主要是 W 与 Mo，而 M_6C 是一种由 C 与金属元素 Fe、W 形成的碳化物，呈复杂立方点阵结构。这两种新相的形成需要一定的时效时间和时效温度。如图 3 - 17 所示，Laves 相形成的"鼻点"温度在 650℃以上，"鼻点"时间约为 3000h。当时效温度低于 500℃时，即使时效时间长达 100 000h，仍未见 Laves 相析出。M_6C 型碳化物主要是在 500～600℃的温度范围内，经过 10 000h 或是更长时间的时效形成的。关于 RAFM 钢时效过程中 M_6C 型碳化物的研究及文献非常有限，目前仅在 F82H 钢时效过程中观察到了 M_6C 型碳化物，其形态、分布以及对 RAFM 性能的影响还有待深入研究。

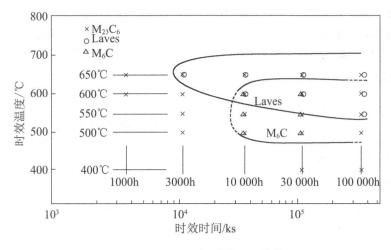

图 3 - 17　F82H 钢时效 TTP 曲线

F82H 钢时效过程第二相尺寸和数量变化明显。图 3 - 18 是 F82H 时效过程中第二相的变化。图 3 - 18a 显示，相较于时效时间，时效温度对 Laves 相的尺寸影响更大，随时效温度升高，Laves 相最大尺寸显著增加；而当时效温度一定时，Laves 相尺寸随着时效时间的延长而逐渐增加并趋于平稳。时效温度和时效时间对 F82H 钢析出相的数量亦影响显著，如图 3 - 18b 所示。在 600℃及以下温度时效时，析出相的体积随着时效温度的提高而增加，然而当时效温度提高至 650℃时，析出相的数量反而有所降低。另外，J. Lapena

等研究 F82H 钢时效过程中元素的扩散迁移行为时发现，经过 500℃时效 5000h 后，F82H 钢中的 S 元素由晶间向晶内扩散，而 W 元素由晶内向晶界扩散。而当时效温度提高到 600℃时，S 元素扩散减慢，W 元素扩散加剧，促使富 W 的 Laves 相形成。

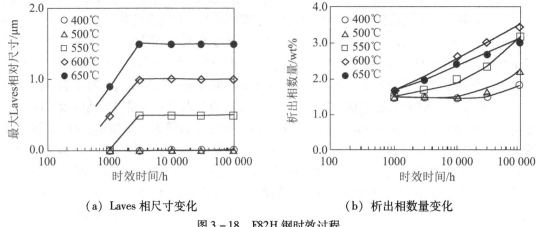

（a）Laves 相尺寸变化　　　　　　　　（b）析出相数量变化

图 3 - 18　F82H 钢时效过程

　　F82H 钢在时效过程中的元素偏析以及析出相的演变将导致其力学性能的变化。K. Shiba 等研究了时效后 F82H 钢基本力学性能的变化。结果发现，时效温度对 F82H 钢屈服强度影响很大，如图 3 - 19 所示，400℃时即使时效时间长达 100 000h，其屈服强度基本没有变化，而时效温度提高到 650℃时，仅时效 1000h，屈服强度已降低至最低且趋于稳定。图 3 - 20 表明随着时效时间的增加，F82H 钢冲击曲线的高阶能（USE）逐渐降低，初脆转变温度逐渐增高。在 650℃经 100 000h 时效后，F82H 钢韧脆转变温度升高至近 80℃，室温下呈脆性状态。K. Shiba 等认为导致 F82H 钢时效后 DBTT 升高的原因是析出相尺寸的增加。

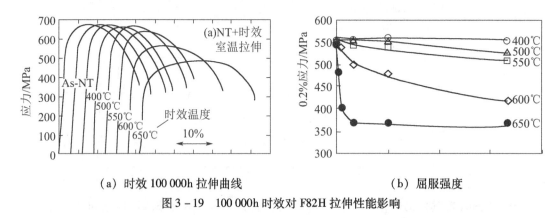

（a）时效 100 000h 拉伸曲线　　　　　　（b）屈服强度

图 3 - 19　100 000h 时效对 F82H 拉伸性能影响

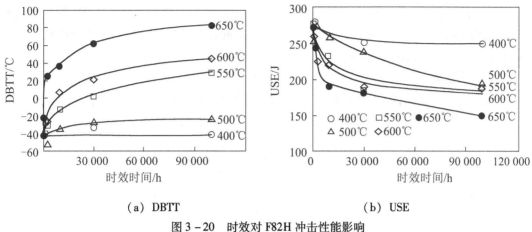

（a）DBTT   （b）USE

图 3 - 20   时效对 F82H 冲击性能影响

P. Fernandez 等对 Eurofer97 钢在 400～600℃条件下进行了长达 10 000h 的时效研究。研究表明，在 400～600℃温度范围内时效 10 000h 过程中，微观组织的变化主要表现为马氏体板条逐渐演变成亚晶结构，其他方面变化不大。而对元素的晶界偏析研究显示，时效过程中，Cr 元素向晶界偏聚富集，促进 Cr 的碳化物的形成与长大。由于 Cr 的置换作用，导致 Fe 元素在晶界贫化。而 P 元素则在 500℃时效时出现晶界偏聚富集，P 元素的富集使晶粒间的结合强度降低，从而引起沿晶断裂。Eurofer97 钢时效后的力学性能变化如图 3 - 21 所示。Eurofer97 钢在不同温度时效 10 000h 后强度变化不明显，约在 50MPa 的范围内。因此，材料的高温强度低于室温强度的原因是位错在高温下的运动加快。而时效温度小于 600℃，时间小于 10 000h 的高温曝光对材料的基体强度影响不大，即组织强度并未发生明显退化。但 Eurofer97 钢在 600℃经过 10 000h 时效后，DBTT 从未时效的 -65℃升高至 -40℃，说明组织强度总体虽然没有明显变化，但基体强度降低，韧性升高，导致韧性增加。而另一方面也说明基体强度的降低是由固溶元素的减少造成的，且固溶元素转变为以析出相的形式，作为硬质小颗粒强化组织。从另一方面也说明固溶强化和弥散强化在 600℃以下，10 000h 以内曝光时，其强化效果相当。但值得一提的是，Eurofer97 在该

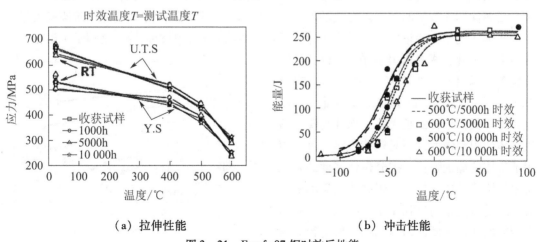

（a）拉伸性能   （b）冲击性能

图 3 - 21   Eurofer97 钢时效后性能

条件下的强度明显低于相同时效条件的 F82H 钢。而 Eurofer97 钢相对于 F82H 钢显示出较好的热稳定性，原因可能是 Eurofer97 钢的 W 含量比 F82H 少，且时效过程中富 W 的 Laves 相析出和长大过程相对缓慢。

4）蠕变性能

图 3–22 系统地比较了 Eurofer97、F82H 和 ODS（oxide dispersion-strengthened）钢的蠕变性能。F82H 钢蠕变性能相对 Eurofer97 略有改善，然而 ODS 钢的蠕变性能显著提高。

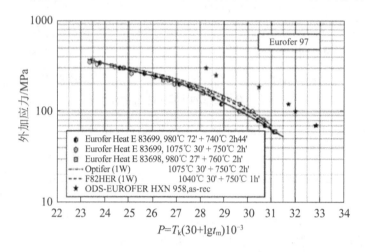

图 3–22　Eurofer97、F82H 和 ODS 钢的蠕变性能

由于低活化钢长期在高温条件下服役，组织稳定性是决定材料蠕变性能的关键因素。而保证低应力下高蠕变性能，主要通过保障马氏体耐热钢的基体强度。首先，通过增加颗粒钉扎和固溶强化获得细小的亚结构——马氏体板条；同时，避免析出粗大的碳化物以免其降低固溶强化效果弱化亚单元结构。经长时高温服役后晶界附近的组织退化导致持久强度的突然下降。因此，若想提高材料的蠕变强度，需提高马氏体板条的稳定性。而马氏体退化过程是由位错回复、碳化物聚集并长大、板条宽度增加等组成。而这些现象与服役条件密切相关，因此蠕变性能与服役条件呈现一定的关系，二者之间的关系如图 3–23 所示。在相同的断裂时间下，随温度的增加，蠕变强度逐渐降低。在蠕变加速阶段有大量位错的板条粗化是主要进程，板条粗化导致蠕性能急剧下降。但板条的粗化却是析出相长大的结果。因此，板条粗化是在析出相粗化、位错密度降低后"瞬间"发生的，它是"表象"而非原因。故提高蠕变性能的根本途径是降低析出相的长大，以保证马氏体板块基体的固溶强度，同时维持位错密度，以保证基体的加工强化。同时位错密度的降低是由位错运动造成的，而阻碍位错运动的主要方式是析出相的钉扎作用。因此，控制析出相的尺寸是降低位错运动的主要途径。另外，温度的增加可以增加位错的动能，使得

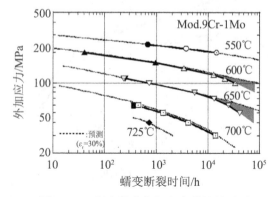

图 3–23　蠕变性能与服役条件的关系图

位错快速划过析出相。因此，温度可以急速降低位错密度，使其快速运动至界面处。

5）疲劳性能

交变载荷作用下材料发生的性能变化叫作疲劳性能。一般而言，导致材料疲劳失效的循环载荷的峰值小于根据静态拉伸实验所得到的"许用"载荷。因此疲劳失效是工程实践中构件失效的主要原因之一。同时，不仅外加载荷的变化会导致材料发生疲劳失效，温度变化、致脆介质或化学介质等服役环境同样会对材料的疲劳性能产生影响。影响疲劳失效的因素列于表 3 – 6。

表 3 – 6 疲劳失效的影响因素

服役条件	表面状态及尺寸	表面处理及残余应力	材料特质
载荷特性	缺口效应	表面喷丸滚压	化学成分
记载频率	样品尺寸	表面热处理	金相组织
温度变化	表面状态	加工工艺	轧制方向
环境介质	表面涂层	焊接等	内部缺陷分布

根据疲劳循环周次的不同，材料的疲劳通常分为低周疲劳和高周疲劳两类。低周疲劳是指材料所受的循环应力幅度大于屈服极限时的疲劳，由于应力较高，低周疲劳循环周次一般在 $10^2 \sim 10^5$ 范围内。低周疲劳所得到的载荷 – 寿命行为对于在服役期间仅承受有限次加载的零件和构件的设计具有重要参考意义。在高周疲劳的试验过程中，试验施加应力一般低于材料的屈服强度，以应力作为控制变量进行试验，试验结果并不会落在载荷 – 寿命曲线的上平台区域，应力与寿命对数在一定的范围内基本符合线性关系。同时应力控制对试验设备的要求相对较低，因此，高周疲劳试验一般采用应力控制模式。而在低周疲劳的试验中，如果以应力作为控制变量进行试验，会造成试验结果很大的偏差，所以一般采用应变控制模式。其应变与材料疲劳寿命的对数也呈现较好的线性关系。

1）滞回曲线

材料在循环载荷的作用下，当应力水平处在弹性应力范围内时，其变形在宏观上是可逆的；而当应力水平高于弹性应力范围时，材料发生弹塑性变形，应变和应力的变化一般不同步，应变一般落后于应力，形成应力应变的滞回曲线。图 3 – 24 是无保载的纯疲劳滞回曲线。

对称应变幅控制的低周疲劳滞回曲线，其应力应变基本对称。应变范围 $\Delta\varepsilon$ 为最大应变和最小应变的差值，即 $\Delta\varepsilon = \varepsilon_{max} - \varepsilon_{min}$；应变幅为应变范围 $\Delta\varepsilon$ 的一半；应变幅 ε_a 由两部分组成，一部分是弹性应变 ε_p，一部分是塑性应变 ε_e，即 $\varepsilon_a = \varepsilon_p + \varepsilon_e$。应力范围

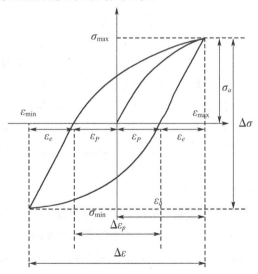

图 3 – 24 循环加载形成的滞回曲线

$\Delta\sigma$ 为最大应力和最小应力的差值。平均应力 σ_a 为最大应力和最小应力的平均值。在交变载荷作用下，材料原子间的作用力随之发生变化，因此材料会发生硬化或软化现象。如图 3 - 25 所示，在应变控制下，随着循环次数的增加，应力幅不断减小的现象称为循环软化，而应力幅不断增大的现象称为循环硬化。通常情况下，强度较低且软的材料趋于循环硬化，而强度较高且硬的材料趋于循环软化。

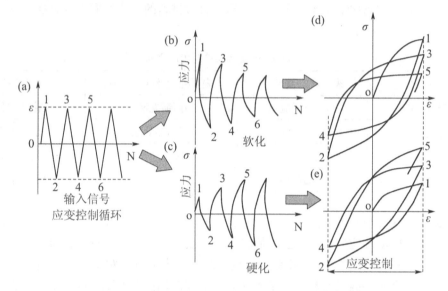

图 3 - 25　疲劳的循环软化和循环硬化

聚变堆实验包层在服役过程中，承受着聚变堆脉冲运行产生的循环载荷，而在峰值载荷处也承受着短暂恒定载荷的作用，即加载—保载—卸载循环往复，导致材料内部产生疲劳损伤，当损伤积累达到某一临界值时，就会萌生微裂纹或微孔洞，并发生扩展，最终引起材料突然断裂。

2) 循环应力应变曲线

由于循环加载可以改变材料的力学行为，故其应力应变关系与静态载荷时的应力应变关系存在较大差异。如图 3 - 26 所示，其中实线是循环应力应变曲线：通过连接不同应变幅控制的稳定阶段（通常选半寿命时）滞回曲线的峰值应力得到。而虚线为单轴静态拉伸的应力应变曲线。通过不同加载条件下的应力应变曲线可知，材料发生了循环软化现象。

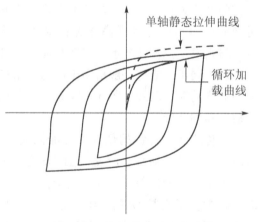

图 3 - 26　循环应力应变曲线与
单轴拉伸应力应变曲线

在交变应力控制下，材料的循环硬化或循环软化，表现为应变幅随着循环周次的增加而减小或增大；应变控制模式下，循环硬化或循环软化则对应轴向应力的增大或减小。为了更符合 CLAM 钢的真空服役环境，

有学者研究了 5×10^3 Pa 真空条件下 CLAM 钢的疲劳力学行为。测试条件为：温度550℃、0.5%应变幅、无保载。获得的滞回曲线如图3-27所示。从曲线可以看出，在对称应变加载下，应力响应基本上也是对称的，这同其他 RAFM 钢，如 Eurofer97 结果是一致的。通过分析第一循环周次的前1/4周次的应力应变曲线可获取材料的弹性模量 E（应力应变曲线的斜率）和屈服强度 $R_{p0.2}$（偏离0.2%应变量的线弹性部分与应力应变曲线相交点的应力值），计算出的该弹性模量（183GPa）和屈服强度（433MPa）值可用来检查疲劳测试系统工作的正确性。其与实验者选用的试验钢标准数据的偏差在±0.5%范围内，满足疲劳测试标准要求。

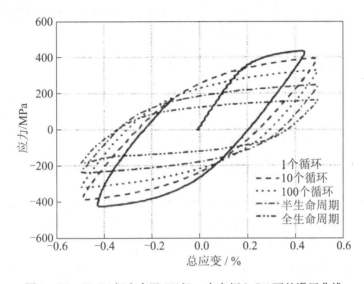

图3-27　CLAM 钢在高温550℃、应变幅0.5%下的滞回曲线

（1）循环软化。

由图3-27中典型周次的滞回曲线变化可知，随着循环周次的不断增加，CLAM 钢的峰值应力呈下降趋势，CLAM 在高温真空环境下疲劳同其他高 Cr 铁素体钢/马氏体钢一致，呈现循环软化趋势。循环软化过程由三个阶段组成：①初始阶段，峰值应力随着循环周次的增加由430MPa迅速下降至290MPa，下降幅度约140MPa；②稳定软化阶段，材料的循环软化逐渐变缓，峰值应力基本以恒定的速率逐渐减小，在较长周期范围内，峰值应力由290MPa下降为230MPa，下降幅度约60MPa；③失效断裂阶段，峰值应力下降加速再次启动直至最终失效。CLAM 钢循环软化曲线的前两阶段在双对数坐标下呈现较好的线性关系。随着应变幅的增长，软化系数略微增长。循环软化系数的主要影响因素是试验温度，应变幅对其影响并不大。CLAM 钢在高应变幅范围（0.4%～0.7%）下，循环软化系数变化不大，而低应变幅（0.25%）较高应变幅有较为明显的差别。

材料疲劳断裂一般发生在应力集中或组织薄弱位置，首先在交变应力条件下萌生疲劳裂纹，并随着循环周次的增加，疲劳裂纹不断扩展，使构件承受载荷的有效面积不断减小，最后当减小到不能承受外加载荷的作用时，零件即发生突然断裂。材料疲劳失效过程包括裂纹的萌生、扩展以及最后的失效三个阶段。

疲劳裂纹萌生形核位置一般在材料表面，如机加工造成局部应力或应变集中的缺口处，或发生在内部析出物和基体组织的界面处。同时，微裂纹萌生会引起微裂纹尖端处应力集中，当裂纹尖端处应力强度因子超过临界应力强度因子时，疲劳裂纹就会扩展，直至断裂。

由于 ITER 是脉冲堆，结构材料在服役过程中所受的温度和应力变化如图 3-28 所示。在服役周期内循环周期次数为 20 000 ~ 50 000 次，考虑到地震和运行不稳定等综合因素带来的影响，循环周期可能会达到数十万次。温度和应力双因素的周期性变化，会导致材料发生热机械疲劳损伤甚至失效。因此要根据包层结构材料的疲劳性能和寿命设计包层的结构与服役期限。在核电设计规范中，实际循环次数通常限制在循环寿命的 80% 以内。而评估材料的疲劳性能一般采用循环机械载荷作用下的等温疲劳测试来代替热疲劳性能测试。

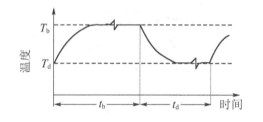 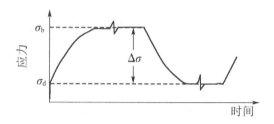

图 3-28　ITER 服役过程中温度和载荷随时间的变化

RAFM 钢作为 ITER 中 TBM 的结构材料，目前国际上关于其疲劳性能的研究工作已大量进行。应变控制模式下 Eurofer97 和 F82H 在不同温度下疲劳寿命如图 3-29 所示，从图中可以看出，在 300℃ 以下温度变化对 Eurofer97 钢的疲劳寿命没有明显影响，但在 550℃ 时，试验钢的疲劳寿命降低。F82H 的疲劳寿命曲线显示，当温度低于 500℃ 时，温度对 F82H 的疲劳寿命影响较小，当温度高于 500℃ 时 F82H 的疲劳寿命明显降低。

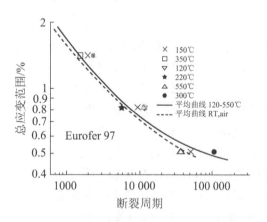 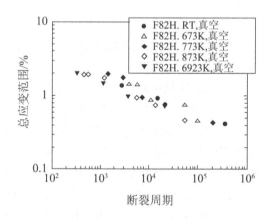

（a）Eurofer97 高温应变－疲劳寿命曲线　　　（b）F82H 高温应变－疲劳寿命曲线

图 3-29　RAFM 钢疲劳曲线

图 3-30 显示了 RAFM 钢在恒应变控制疲劳测试过程中应力随循环周次的变化过程。由图可知，Eurofer97 在温度低于 300℃ 时，初始 10 个周期内组织轻微硬化后开始逐渐软化直至最终失效，并且材料的软化速率基本相同；当温度升高到 550℃ 时，初始硬化阶段

消失，材料软化速率明显加快。结果与日本研发的低活化马氏体钢 HF-1、F82H 基本一致。因此，温度是影响 RAFM 钢疲劳性能的重要因素。但与 Eurofer97 不同，F82H 在循环应变的作用下，材料的应力变化有明显的三个阶段，在 500℃ 以下测试时，在初始的十几个周期范围内材料的强度迅速下降，然后应力基本保持不变直至失效。温度高于 500℃ 时，第二阶段的软化速率明显加快，应力快速下降。因此，Eurofer97 和 F82H 两种低活化钢虽然都出现了循环软化现象，但由于成分的差异，两种材料的软化速率、断裂时间等出现差异化。

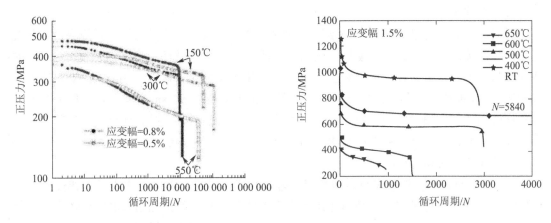

（a）Eurofer97 循环软化曲线　　　（b）F82H 在不同温度下的循环软化曲线

图 3-30　RAFM 钢疲劳软化曲线

低活化钢在循环交变载荷的反复作用下会发生软化，导致材料强度在服役过程中逐步降低。由于传统静载荷拉伸性能建立的结构材料许用应力标准并不能保证材料在服役过程中的安全性。J. Aktaa 经过分析测试 Eurofer97 从室温到 650℃ 的疲劳循环软化行为发现，静载荷下结构材料许用强度远高于交变应力条件下材料的许用疲劳强度，如图 3-31 所示。因此设计过程中，必须结合 RAFM 的疲劳软化特性及其服役工况，建立适合 RAFM 钢的许用应力标准。

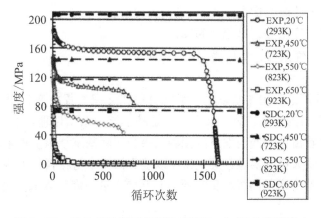

图 3-31　静拉伸和循环载荷作用下 Eurofer97 的许用应力

沈阳金属所先进钢铁课题组初步研究了常温环境中 CLAM 钢的低周疲劳性能，表明 CLAM 钢在交变应力作用下在初始的 100 个周期内出现了轻微的疲劳硬化后开始逐渐软化直至发生断裂。断裂时 CLAM 钢内部的位错密度降低，和欧洲 Eurofer97 钢常温下观察到的疲劳行为基本一致，疲劳寿命也基本相当。同时研究者还利用 Manson-Coffin 公式对 CLAM 钢的疲劳寿命进行拟合，可以看出实验结果与预测曲线基本一致。综上所述，温度是影响 RAFM 钢循环载荷作用下力学行为的重要因素。在循环载荷作用下 F82H 和 Eurofer97 都表现出了循环软化现象，循环软化现象对 RAFM 钢的许用应力设计提出了挑战。

（2）疲劳寿命的预测。

材料的疲劳性能已经成为构件结构设计的重要参考依据，针对构件不同的服役工况及要求，目前提出了多种疲劳可靠性评估设计方法。其中利用循环应力（或应变）–寿命曲线估算材料的疲劳寿命是预测材料疲劳失效的常用方法之一。Wohler 在 1860 年就提出可以利用 $S-N$ 曲线来描述金属的疲劳行为，但直到 1910 年，Basquin 提出双对数坐标下应力对疲劳循环数在很大的应力范围内呈线性关系，可以用指数关系表征金属材料的疲劳寿命随应力的变化，从此在疲劳分析中开始广泛地使用应力–寿命法。

a. Manson-Coffin 公式

由于 Basquin 方程不考虑材料塑性应变造成的疲劳损伤，因此只适用于以弹性为主的高周疲劳范畴，当材料在交变载荷作用下发生塑性形变时，其预测结果的安全裕度随着塑性应变增大逐渐降低。Manson 和 Coffin 分别在 1953 年和 1954 年提出了塑性应变造成材料疲劳损伤的理论，它是目前应用最为广泛的根据应变描述疲劳的方法。目前低活化钢疲劳寿命预测是基于材料应变幅度与疲劳寿命的预测方法–应变–寿命法，即著名的 Manson-Coffin 公式：

$$\frac{\Delta\varepsilon_f}{2} = \frac{\Delta\varepsilon_e}{2} + \frac{\Delta\varepsilon_p}{2} = \sigma_f \frac{(2N_f)^b}{E} + \varepsilon_f'(2N_f)^c \qquad (3-6)$$

其中，$\Delta\varepsilon_f$：总应变范围；

$\Delta\varepsilon_e$：塑性应变范围；

$\Delta\varepsilon_p$：弹性应变范围；

b，c：材料相关的疲劳指数；

σ_f：材料疲劳强度系数，单位为 MPa；

ε_f'：材料疲劳延性系数，单位为 MPa。

b. 粘塑性统一模型

Ktaal 在粘塑性理论模型的基础上，考虑材料在交变过程中疲劳损伤的影响，并建立了 Eurofer97 的疲劳行为本构方程。图 3-32 是基于统一粘塑性理论的 Eurofer97 疲劳预测结果，从图中可以看出在不同温度下的预测结果和实际测试结果呈现了较好的一致性。但这种模型的建立需要大量的实验数据支持，以确定模型中与材料相关的性能参数。因此要发展 CLAM 钢的疲劳寿命预测模型仍需要对其开展大量的疲劳测试实验。

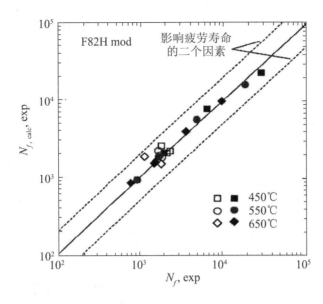

图 3 - 32　基于统一粘塑性理论的 Eurofer97 疲劳寿命与预测结果

3.4.2.2 组织演变及析出相演变

随着材料服役时间的延长，马氏体组织的演变主要是由于位错在高温下的回复导致的马氏体板条宽度增加，进而引起板条粗化，导致晶界的迁移等。而位错回复是由位错的大量运动造成。因此，增加位错运动所需能量阀值，使位错无法轻易开启运动、降低位错运动的速度以及增加位错数量都可以强化马氏体基体。而前两者都和位错运动有关，在既定的晶格结构中（马氏体为体心立方 BCC 结构），位错运动主要与受力方向和弥散细小（20nm 以下）的析出相有关，具体原理参考本书第 2.1.3 节。而增加位错数量可以通过室温变形实现。变形强化机理参考本书第 2.2.3 节。因此，组织强化主要受析出相的影响。本节以典型的低活化 TaC 析出相为例，讲述 MX 型析出相的析出行为及强化原理。

细小弥散分布的 TaC 的析出强化效果比 W、Cr 等元素的固溶强化更有效，相对于位错强化，$M_{23}C_6$、Laves 相析出强化也更有效。其他的 MX 型析出与 TaC 一样是 FCC 结构，其析出机理和强化方式相同，只是在析出温度和析出量略有差别。弥散分布的颗粒不仅可以强化基体，还能与辐照产生的缺陷相互作用，在吸收间隙原子的同时还会吸收大量的空位，从而达到抑制辐照产生的空位浓度、最终抑制辐照空洞的形成，显著提高材料的抗辐照性能。

1）奥氏体化过程中的 TaC

奥氏体化处理过程中未回熔的 TaC 钉扎在奥氏体晶界，阻碍奥氏体晶粒长大，有利于降低相变后马氏体的韧脆转变温度，改善韧性。此外，纳米级弥散分布的 TaC 可以强化晶界，维持高温力学性能。低活化钢中 TaC 在奥氏体化过程中的溶解过程是热力学和动力学的共同作用。因此，我们需要了解其在奥氏体中的固溶度。首先 TaC 溶解过程要满足热力学条件，也就是固溶浓度积要低于某个临界值，且固溶度与临界值差值越大，驱动力越大。C 和 Ta 在奥氏体中的经验固溶浓度积公式在多个文献中有报道，夏志新根据文献的数据计算出了奥氏体及奥氏体与 TaC 的边界，如图 3 - 33 所示。从图中可以看出低活化钢中 TaC 在 1423 K 基本可以完全固溶回基体中，这与他的实验结果吻合较好。

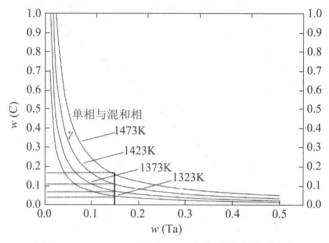

图 3 - 33   Fe-Ta-C 系统中 TaC 在奥氏体中的固溶度

在 873K 以上，铁素体中的间隙原子扩散速率较大，而 Ta 在铁中的扩散速率远小于 C 在铁中的扩散速率。因此，一般认为碳化物的溶解速度主要受间隙原子 C 的扩散速率控制。为了便于研究，忽略 Cr、W 等元素对 TaC 溶解过程的影响。且满足以下三个假设条件：①TaC 化学成分认为是理想配比的，在热轧过程中溶解到铁素体中的 Ta 忽略不计；②微观组织单元被简化成中心是 TaC 球状颗粒的球状奥氏体单胞，TaC 和奥氏体基体中间的边界认为是界面；③TaC 的溶解过程是通过 TaC 的分解，C 原子扩散通过界面，C 原子在奥氏体内扩散三步进行的。夏志新在以上条件上依据平面模型模拟，计算出 C 的体扩散系数，并计算出 1373 K 时的溶解抛物线速率 $k = -1.5445e - 011 \text{ m/s}^{1/2}$，故，按此溶解速率，直径为 150nm 的 TaC 完全溶解需要的时间是 2222h，如图 3 - 34 所示。可是按照 C 沿着晶界的位错扩散系数计算 1373 K 时的溶解抛物线速率 $k = -8.7597e - 010 \text{ m/s}^{1/2}$，因此，直径为 150 nm 的 TaC 完全溶解需要的时间为 1.8h；在 1423K 时 $k = -1.5281e - 009 \text{ m/s}^{1/2}$，直径为 150nm 的 TaC 颗粒完全溶解的时间是 1h，如图 3 - 35 所示。沿晶界和板条界扩散溶解的动力学模型模拟 TaC 的溶解过程尽管有一定误差，但是仍然比较合理。

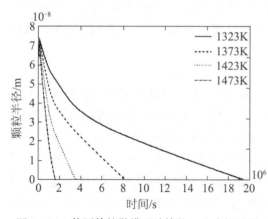

图 3 - 34   使用体扩散模型计算的 TaC 溶解过程

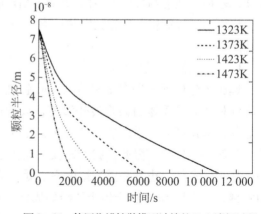

图 3 - 35   使用位错扩散模型计算的 TaC 溶解过程

TaC 颗粒一般在位错/缺陷处形核，随后位错在回火过程中消失。与 TaC 的溶解取决于 C 的扩散系数不同，TaC 的析出完全受 Ta 在铁素体中扩散控制，且 TaC 的粗化速率和形核所需的孕育时间均受 Ta 在铁素体中的扩散系数影响。当同时达到动力学和热力学条件后，TaC 在位错和在基体中完成形核所需的时间都极短。同时 TaC 在铁素体中有着极低的固溶度，因此其长大速率较小。故 TaC 在基体中是以弥散而细小的状态存在。

2）回火过程中的 TaC

根据 Langer-Schwartz 模型计算出的低活化钢在 750℃ 回火过程中 Ta 在基体中的摩尔分数、TaC 析出相的平均半径和颗粒密度的变化如图 3 − 36 所示，实验观察数据与理论模拟数据吻合较好。RAFM 钢中 750℃ 时 Ta 的固溶度约为 10^{-5}，这与模型计算出的 Ta 的固溶平衡浓度一致。图 3 − 36b 表明 TaC 颗粒平均半径与时间的变化关系，文献提供的所有的实验数据均落在位错形核和均匀形核的区域。且 TaC 的析出孕育期极短，之后 TaC 颗粒开始快速长大。孕育期的时间与 TaC 核/基体的界面能成线性关系，界面能对孕育期的时间的影响远不及对颗粒密度峰值的影响，界面能增加 10% 将使颗粒密度峰值（TaC 核数 N）减小一个数量级以上。另外，Ta 的扩散率对孕育期也有很大的影响，假设 Ta 的扩散率增加一个数量级，孕育期将减小一个数量级。不过，在位错处形核和基体内形核，孕育期均极短。相比 TaC 在基体中形核，位错处的形核位置较少，扩散较快，因此形核密度较低，在较短的时间能长到临界形核尺寸，即位错处 TaC 颗粒数量一般较少而尺寸较大，如图 3 − 36 所示。模型计算的结果与文献报道结果吻合较好。因此，TaC 沿着原奥氏体晶界和马氏体板条束边界等位错聚集处形核相对基体中均匀形核更快更容易。Iseda 等认为晶格错配越大，在边界处析出所需的驱动力越小。Ennis 认为由于在铁素体中 Nb、V 的固溶度很小，导致高温蠕变过程中 MX 相析出长大过程缓慢。因此，增加位错密度，适当降低合金元素含量，可以保证 TaC 的析出，但同时减缓其长大速率。除了优秀的低活化特性外，Ta 在铁素体中固溶度也远小于 Nb 在铁素体中的固溶度，同时，Ta 与基体的错配度也大于 Nb 与基体的错配度，因此，TaC 的析出长大过程极其缓慢。相较于 NbC，TaC 弥散强化效果更显著。在形核和长大初期，TaC 与基体保持着共格或半共格关系，并以特殊的（200）TaC 和（111）TaC 可在基体内析出，随着回火时间由 3h 增加到 24h，平均尺寸从 20nm 增大到 35nm。

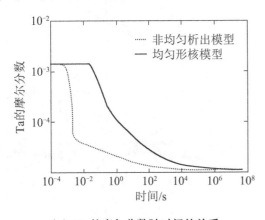

（a）Ta 的摩尔分数随时间的关系

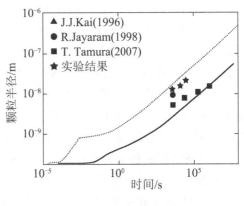

（b）长大过程

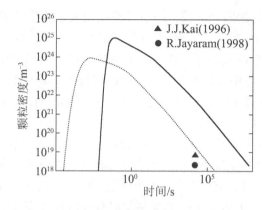

（c）颗粒密度的变化

图 3 - 36　等温时效过程中析出长大行为的理论模型和实验结果的对比

因此，对于 TaC 的析出过程中，除了界面能、扩散系数等参数对析出长大行为影响较大以外，Ta 在铁素体中的平衡固溶浓度也对析出相的平均尺寸和颗粒密度有极其显著的影响。同时，Ta 在 750℃ 的铁素体中较大的错配度和较小固溶度是 TaC 有极小粗化速率的主要原因。

3）回火过程中的 $M_{23}C_6$

由于晶界是缺陷数量最多、尺寸最大的地方，因此，弥散型 MX 无法有效起到强化作用，而 200nm 左右的 $M_{23}C_6$ 可以有效阻碍晶界的迁移。而 $M_{23}C_6$ 主要在空位、位错等产生和泯灭的晶界上形核并快速长大，因此，本节以 $M_{23}C_6$ 的形成为导向，介绍其析出及演变过程。

$M_{23}C_6$ 是低活化耐热钢中的大颗粒强化相，其主要分布在晶界上，阻碍晶界的移动。研究其在回火过程中析出转变规律，可以发现在初期富 Cr 的 M_7C_3 随着时间和 Cr 含量的增加向 $M_{23}C_6$ 转变。M_7C_3 释放出的 C 与基体中 Cr 元素等合金原子进一步结合形成 $Cr_{23}C_6$ 碳化物。不过 Janovec 对低合金 Cr-Mo 钢回火实验和热力学计算表明，$M_{23}C_6$ 只是低温下的稳定相，回火过程中存在着 $M_{23}C_6$ 向 M_7C_3 的转化，M_7C_3 才是回火过程中能稳定存在的碳化物。从热力学上分析 M_7C_3 应该在更大的回火参数（Larson-Miller parameter $P（T293）（20\lg t）$）范围内比 $M_{23}C_6$ 更稳定，回火过程最初形成 M_7C_3 是因为在动力学上更容易生成。但随后的研究认为，在 Cr 含量增加的情况下，9Cr 钢在回火时就会发生 M_7C_3 向 $M_{23}C_6$ 的转变。因此，M_7C_3 和 $M_{23}C_6$ 两种析出相的析出，不仅与它们各自的热力学相关，也与合金成分及含量有关。Schneider 系统地研究了 Fe-Cr-C 在 780℃ 的三元相图，如图 3 - 37 所示。$\alpha + M_7C_3$ 相区

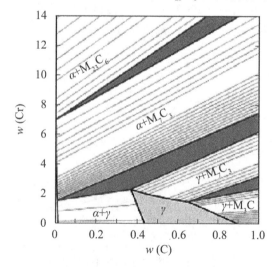

图 3 - 37　Fe-Cr-C 合金 780℃ 等温截面相图

和 $\alpha + M_{23}C_6$ 相区与 C 和 Cr 含量线性相关。

夏志新试验结果发现在 750℃ 回火过程中，随着回火时间从 3h 增加到 24h，铬的碳化物平均尺寸由 150nm 增大到 500nm。Cr 促进低活化钢中 $M_7C_3 \rightarrow M_{23}C_6$ 碳化物类型转变，随着 Cr 含量的增加或回火时间的延长，铬的碳化物析出遵循 $M_3C \rightarrow M_7C_3 \rightarrow M_{23}C_6$ 的演变规律。

4）蠕变过程中的析出相演变

高蠕变性能归功于亚结构和析出相协同作用。亚结构的长大和形状改变被弥散分布的析出相阻碍。析出相析出顺序、尺寸和时间的关系如图 3-38 所示。

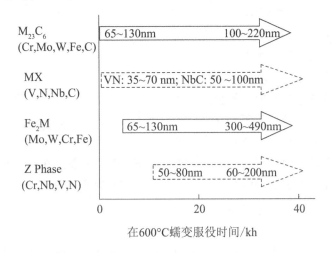

图 3-38　在 10Cr-1W-1Mo-VNb 钢中析出顺序和颗粒尺寸

添加适量 Ta 的 9Cr2WVTa 钢，其冲击韧性、蠕变性能及抗辐照性能得到了极大程度的改善，因为加 Ta 能析出细小弥散的 TaC、TaN。TaC 相对 TaN 稳定性较高，10 万小时高温回火后 TaC 平均尺寸仅为 30nm 左右，即在实际服役条件下，TaC 长大是极其缓慢的，进而保证了低活化钢有优异的力学性能和高温蠕变性能。此外，低活化钢服役环境恶劣，面临氘-氚反应产生的 14MeV 高能中子辐照和各种稳态和瞬态的能流和粒子流。这些稳态和瞬态的高热荷比和强粒子流轰击以及之后产生的 H/He 的扩散、滞留和起泡，都将使结构材料受到严重损伤。Kimura 等学者提出控制辐照硬化的因素主要有辐照诱导位错环、析出相、微观空洞等。在纯金属里，中子辐照只产生空洞和位错环，但在低活化钢这样复杂的材料中，中子辐照也将导致不同固相的沉淀。中子辐照可以加速扩散过程，扩散过程控制了点阵原子的活动能力，从而也控制了析出动力学。在辐照条件下，F82H 与 JLF-1 钢相比有较大的 DBTT 增量，这是由于 F82H 钢中 $M_{23}C_6$ 在板条块、板条束边界析出引起硬化作用和断裂应力减小两者共同作用造成的，而 JLF-1 钢中仅仅是硬化影响。辐照对 DBTT 的影响可以用流变应力随温度的变化解释，见图 3-39。XX 对 9～12Cr 钢的研究表明，中子辐照产生的微观缺陷会引起屈服强度增加及冲击韧性变差。698K 以上辐照温度下，这种现象不甚明显。在 773K 对 RAFM 钢进行 5～20dpa 剂量的离子辐照，强度没有明显变化而出现明显脆性，结论证实这种脆性是由辐照促进或者诱导析出引起的。

随辐照损伤剂量的增加及温度升高，空位聚集成孔洞，间隙原子湮没于孔洞和位错尾间。空洞本身并不引起晶格畸变，不产生肿胀，而是进入空洞（或气泡）的空位净流量，必定有等量的间隙原子进入位错网络和间隙原子位错环。空洞中的原子转移到位错网络和间隙原子位错环上，导致肿胀，辐照诱发偏析和沉淀也随之发生。直到大约500℃，空位依旧聚集，引起辐照肿胀。铁素体/马氏体钢的辐照肿胀速率非常低，甚至比奥氏体钢要低一个数量级以上。辐照诱发的成分偏析和析出也会影响低活化钢的性能。同时，离位损伤会导致中子与金属原子发生嬗变反应，一般为 He 原子或 H 原子。在聚变堆中，嬗变反应产生的 He 所带来的

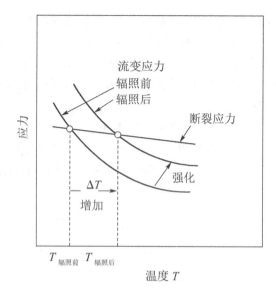

图 3 - 39　辐照对韧脆转变温度影响的示意图

影响尤为重要，铁素体/马氏体钢在裂变堆中的 He/dpa 速率比在聚变堆中低约两个数量级，因此嬗变反应对用于聚变堆的材料的肿胀和机械性能影响较大。

3.4.2.3　强磁场下性能和组织演变

由于托卡马克堆是利用磁场约束等离子体以实现可控聚变反应释放聚变能，因此其包层结构材料的低活化马氏体钢是长期在高温强磁场（550℃，3～4T 稳态磁场）的恶劣条件下服役。故而，为研究低活化马氏体钢在相似环境下的组织演变，从 20 世纪 50 年代末开始，一些材料研究工作者们开始研究磁场对耐热铁淬火过程的影响，以及磁场对马氏体转变的影响。但由于磁场设备条件限制，无法进一步深入研究。直到 20 世纪 80 年代，强磁场技术取得了长足进步，因此，在强磁场下的相变研究得到飞跃发展。研究者们将磁场加入到多种固态相变及各种转变过程，例如，钢的奥氏体向铁素体转变及其逆转变、再结晶、有序转变等，并发现了许多有价值的新现象及其微观组织演变规律。

早期的研究结果表明，磁场能够促进奥氏体向马氏体/铁素体的转变，可以用来控制相变过程中材料的结构和参数，也有研究者研究了磁场对相变温度和相图的影响。Kakeshita 等学者也对关于磁场对马氏体相变进行了一系列实验，并发表了大量论文。众所周知，马氏体板条束界、晶界、相界及缺陷处容易成为析出相形核位置。但在加入磁场的影响因素以后发现：在许多固态相变中，磁矩差异、磁晶各向异性、诱导磁性各向异性以及磁致伸缩等都影响着析出相的形核和长大速率。同时这些参数也影响相变机理、变体和新相的微观结构。由于铁在不同条件下可发生许多固态相变，如回复、再结晶、析出、有序化、磁性变化、调幅分解、铁素体相变、珠光体相变、马氏体相变以及贝氏体相变等，各组织的性能千差万别，而它们又都受磁场影响，因此，钢铁是通过磁场控制微观结构的理想材料。Kakeshita 等学者的研究也表明，随外加磁场强度的增加马氏体开始转变温度 M_s 随之增加。用动力学计算得到和试验一致的磁场强度和 M_s 的关系如图 3 -40 所示。图中下标 p、m 和 H 分别代表母相、新相和实际磁场强度，T_0 代表没有磁场作用时母相和新

相有相等的吉布斯自由能温度，在 T_0 温度以下马氏体开始转变温度 M_s（最左侧），此时相变驱动力为 ΔG，如果存在外加磁场，则铁磁性新相的自由能降低，如图 3-40 中的虚线，但由于母相是顺磁性的，其吉布斯自由能也减小，但可忽略不计。

生成物晶粒的延伸和线状结构是磁场下的相变特征，而延伸的程度随奥氏体晶粒尺寸及冷却速度的增加而减小。Nakamichi 等报道过磁场对碳扩散的影响，认为磁场阻碍碳扩散，但却没有发现扩散的各向异性。当淬火钢在外加磁场下回火时，磁场通过阻碍渗碳体长大方向而使其长成颗粒状。研究表明 10T 磁场作用下，渗碳体的形核率相对未加磁场时增大了几倍，低温长大速率减小到 70%，高温长大速率减小到 40%。Ohtsuka 提出用磁场和拉应力共同控制马氏体板条束形态和尺寸。控制马氏体长大的因素分为两

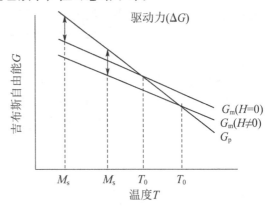

图 3-40　外加磁场下自由能与
温度关系的示意图

类：一种是几何因素，包括奥氏体晶粒尺寸、板条束尺寸、板条排列的方式及板条形成的次序等；另一种是本质因素，包括转变温度、母相组织和新相的弹性、塑性、长大的驱动力、晶格转变及晶体学等。而磁场下马氏体到奥氏体的逆向转变过程中，磁场会显著降低马氏体的分解速度，在回火过程中，磁场加速了残余奥氏体向马氏体的分解。即磁场可以增加顺磁性马氏体的稳定性，且促进逆磁性奥氏体向顺磁性马氏体的转变。赵骧等学者也对强磁场下超低碳碳钢先共析铁素体以及铁碳合金珠光体相变的晶体取向和晶体特征分布做了大量深入的研究。在强磁场下碳化物演变方面，张宇东、左良及何长树等学者研究了 14T 强磁场对中碳钢的低温与高温回火特性的影响，实验结果表明，强磁场对于渗碳体的析出有明显影响，强磁场的存在甚至会改变渗碳体的析出顺序。低温回火时，强磁场明显地改变 42CrMo 钢不稳定碳化物（transitioncarbide）的析出顺序，使具有单斜结构的 χ-Fe_5C_2 较具有正交结构的 η-Fe_2C 先沉淀析出。同时由于 χ-Fe_5C_2 的低温析出使其形核率升高，长大受到抑制，因此，最终使得弥散 χ-Fe_5C_2 分布更弥散，尺寸更细小。

高温回火时，强磁场可通过提高渗碳体/铁素体界面能及磁致伸缩应变能有效地防止渗碳体沿马氏体晶界及马氏体晶内孪晶界的定向生长，显示出较强的球化作用。通过前人的研究可以预测在高温强磁场长时间服役条件下低活化铁素体/马氏体钢中碳化物析出相变行为更为复杂。夏志新通过试验研究认为，碳化物/铁素体界面能的增大是强磁场下析出相的析出长大行为发生改变的主导因素。而界面能增加进而使 $M_{23}C_6$ 球化，降低系统能量。同时界面能的增加也会导致碳化物颗粒密度降低，平均尺寸增大。而析出相尺寸的增加会降低拉伸强度。经外加磁场后，屈服强度下降 $30 \sim 40MPa$。

3.4.2.4　辐照下性能和组织演变

1）辐照下的组织损伤

材料辐照损伤主要由入射离子与材料内部晶格原子之间的相互作用造成。其过程主要

体现在两个方面：一个是通过能量传递过程使晶格上的原子发生移位。对于 Fe 原子，一般只需要吸收 25eV 的能量就能被激活并发生移位。当载能粒子与晶格原子发生碰撞，伴随能量的传递，产生多种后果。当能量较小时会形成间隙子 – 空位对（Frankel pair），较大时则可以形成碰撞级联，如图 3 – 41 所示。同时由于材料不同，级联区内可能形成位错环、微孔洞或层错四面体，甚至可能发生瞬间坍塌。处于级联区周围的间隙原子则形成缺陷团簇或者位错环，并通过快速迁移而长大。级联碰撞形成的大量点缺陷由于发生复合而湮没，剩余少量的点缺陷通过从级联区的逃逸而成为自由迁移的点缺陷存在于材料基体之中；另一个是中子与材料内部原子发生核反应，造成大量元素的掺杂。如通过（n, α）嬗变形成的 He 原子，即使浓度很低，也能显著影响反应堆结构材料辐照后的性能。

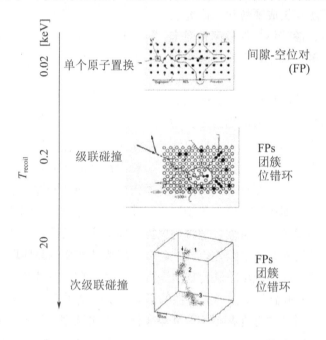

图 3 – 41　根据入射离子传递能量值的不同，形成不同的损伤形貌

中子辐照造成的缺陷和嬗变形成的惰性气体原子在材料内部通过扩散迁移以及它们之间的相互作用，使得材料在不同温区呈现出不同的宏观辐照损伤效应。由于聚变结构材料的服役温区大致处于 300 ~ 800℃之间，而在这个温度范围内，结构材料（以 RAFM 钢为例）所面临的问题是辐照蠕变、孔洞肿胀以及高温 He 脆，如图 3 – 42 所示。低温下（一般低于 $0.3T_{\mathrm{m}}$，T_{m} 为金属熔点），形成的团簇缺陷会作为位错移动的障碍物，使得位错在材料内部的移动性降低，导致 RAFM 钢发生硬化而韧性显著降低。中温区，在辐照损伤水平 1 ~ 10dpa 的情况下，主要有两种现象：一是辐照诱导合金元素的偏聚和析出，使材料发生局域性腐蚀以及机械性能的衰退（晶界脆化），同时由于空位聚集而形成孔洞，使得材料发生肿胀；二是辐照诱导的蠕变发生各向异性生长，使得材料在沿着具有高的应力或者特定晶向的方向上发生空间扩张。在高温区（大于 $0.5T_{\mathrm{m}}$）以及外加应力的作用下，中子嬗变反应形成 He，其从材料内部向晶界处迁移而形成孔洞，进而使材料失去韧性，发生晶间断裂。这些反应堆结构材料宏观性能的恶化，直接影响着反应堆的安全运行。

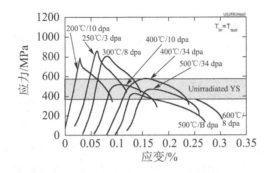

辐照硬化和脆化
$<0.4T_m$，>0.1dpa

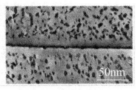

辐照偏聚导致的相不稳定性
$0.3\sim0.6T_m$，>10dpa

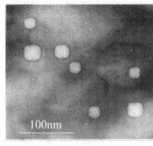

辐照肿胀
$0.3\sim0.6T_m$，>10dpa

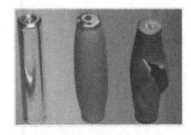

辐照生长
$<0.45T_m$，>10dpa

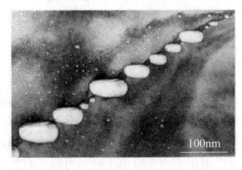

高温He脆
$>0.5T_m$，>10dpa

图 3-42 反应堆结构材料在不同辐照环境下的改变

2）中子辐照模拟

为了有效地评价 RAFM 钢在抗辐照性能方面的表现，国际上主要采用以下手段对 RAFM 钢进行辐照效应的模拟研究。

（1）单束/多束离子辐照。

将离子辐照与中子辐照相关联，首要的问题是在两者的辐照效应的衡量上需得等价性。由此需要采用统一的剂量单位 dpa。中子辐照的基本剂量单位是每平方厘米在某个阈值能量以上的中子数 n/cm²。而带电粒子的基本剂量是以电荷为单位 Q/cm²（离子常用 ions/cm²）。因此需通过 dpa 的定义把电荷转换为中子数的大小。离子辐照效应和中子辐照效应另一个不同之处是两者的能谱有差异：离子是由加速器产生的能量宽度很小的单能粒子；中子的能谱会相差几个数量级，因此会对反映堆材料的辐照损伤有着更为复杂的影响。图 3-43 反映了离子和中子、不同反应堆中的中子以及相同反应堆不同位置的中子能谱的巨大差异。

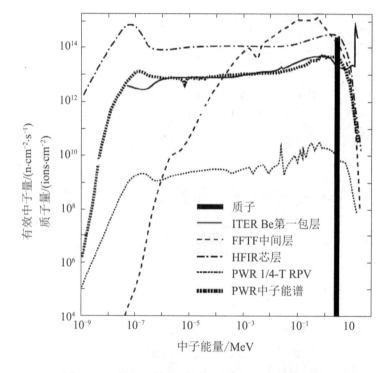

图 3-43　单能入射离子和不同类型反应堆中子能谱

另外，二者之间还有一个主要差异：辐照深度不同，离子进入材料表面后电离能损很大，能量损失得很快，电离能损和核能损对能损贡献上的差异导致离子减速过程中，在材料内部三维尺度上的能量损失分布不均匀。再者，实验室规模的加速器和离子注入机一般可以使离子的射程达到 $0.1 \sim 100\mu m$。而中子由于其电中性，可以在材料内部获得很大的射程，并且在材料表面到几毫米的深度内产生损伤坪区。但是不同质量的粒子产生的损伤，在形态上却有着本质差异，轻离子如电子和质子会产生 Frenkel 对或者小的团簇，而重离子和中子辐照则会产生大的缺陷集团。如用 1MeV 能量的粒子辐照铜，在质子辐照中，一半的反冲原子能量在 60eV 以下，而对于 Kr 离子辐照，这个能量提高到了 150eV。反冲原子大部分的能量都很低，是因为屏蔽库伦势影响了带电粒子之间的作用过程。

①单束离子辐照。

L. Shen 等通过国产 RAFM 钢经 773K 的 Ar 离子束辐照研究发现，在辐照剂量为 0.36 ~ 18dpa 时，肿胀率由 0.06% 增加到 4.29%。C. Zhang 等对 T92 钢分别在 440℃、570℃ 的 Ne 离子辐照后分析发现，在辐照剂量 1 ~ 5dpa 之间存在一个能够形成孔洞的剂量阈值，且孔洞的形貌与辐照剂量以及温度之间存在着紧密的联系。同时，在原奥氏体晶界、马氏体板条界上，孔洞的形核与生长得到了促进。Y. Xin 等利用正电子湮灭技术以及纳米压痕技术，在不同温度下（300 ~ 873K）对 CLAM 钢注入 He 离子。试验发现，He 的注入导致大量的空位型缺陷在 CLAM 钢内部形成；且辐照温度的升高，S 参数值呈下降的趋势（如图 3 - 44 所示）。

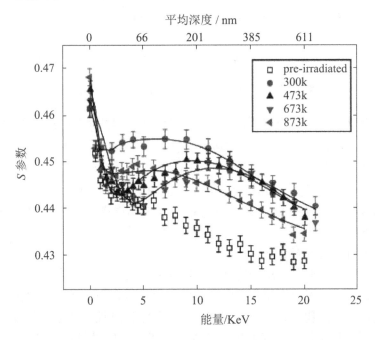

图 3 - 44　不同温度下，He 注入 CLAM 钢 S 参数与正电子入射能量之间的关系

②双束/三束离子辐照实验。

G. Yu 等采用高压电镜叠加 10appm/dpa 的 He 粒子对 Eurofer97 钢进行试验辐射，同时对其组织在整个辐射过程中进行原位观察。结果发现，在 250℃ 和 300℃ 下，当辐照剂量达到 50dpa 时，Eurofer97 的肿胀率分别为 0.367×10^{-3} 和 1.492×10^{-3}。随着辐照温度的升高，气泡的尺寸增大，密度减小。随着辐照剂量的增高，气泡的尺寸由单峰分布逐渐变化为双峰分布，如图 3 - 45 所示，其中第一峰中的气泡平均半径与浓度并未发生显著变化；但是分布在第二峰的气泡，尺寸随着辐照剂量的增大而变大。

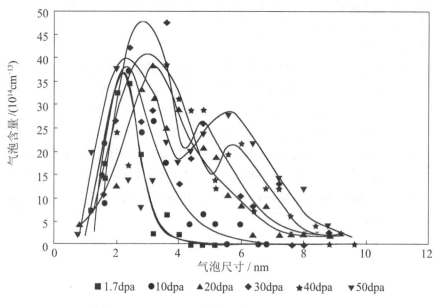

图 3 - 45　250℃下，不同辐照剂量对应的气泡浓度

E. Wakai 等利用三条离子束线（Fe、He、H）对 F82H 进行同时辐照。采用 70appmH/dpa、18appm/He 以及 1700appmH/dpa、180appmHe/dpa 环境下 He 的形成速率控制三种离子束的流强，模拟研究 F82H 处于不同环境下的肿胀情形。同时他们也进行了双束辐照（Fe、He）试验。结果显示，在移位损伤、H 和 He 的共同作用下，肿胀率显著增大。而在模拟聚变堆环境的三束注入条件下，辐照温度和剂量分别为 470℃ 和 50dpa 时，肿胀率达到了 3.2% 。

（2）散裂质子 – 中子辐照。

散裂质子 – 中子辐照是利用加速器引出的高能、大流强的质子与重金属靶发生散裂反应产生高通量的中子。然后利用散裂中子源对材料进行辐照，除了产生高的移位损伤外，还会产生大量的嬗变产物（H/He）。结构材料在其服役过程中将会受到较高的辐照剂量，可以快速地达到材料在服役过程中累积的损伤水平。结构材料除了受到较高的辐照剂量外，还会通过嬗变反应产生大量的 He。He 在固体内部几乎是不溶的。因此，在特定的温度范围内，He 通过扩散以及与材料内部缺陷发生相互作用，最终析出而形成 He 泡。在持续辐照以及外加应力的条件下，这些 He 泡将会不断累积，最后演化为空洞。He 泡/空洞在材料中的存在使得材料的机械性能急剧衰退。尤其当温度高于 $0.5T_m$ 时，晶界处 He 泡使材料出现严重的脆化。因此国际上针对辐照损伤过程这两个基本因素，进行了大量的实验，从而研究和评价低活化铁素体 – 马氏体钢的抗辐照性能。

由于 [10]B 可以通过与中子的反应生成大量的 He，因此 Y. Miwa 等利用高通量同位素中子堆（HFIR）对 [10]B 不同含量的 F82H 钢辐照试验，结果如图 3 – 46 所示，随着辐照剂量的增大，所有样品的肿胀率均呈增大的趋势。钢中 [10]B 的含量越高，辐照后样品内部的孔洞数密度越大，体现出的肿胀率也越大。孔洞基本存在于位错线上或者是位错线之间，而在马氏体板条界并没有发现 He 泡。

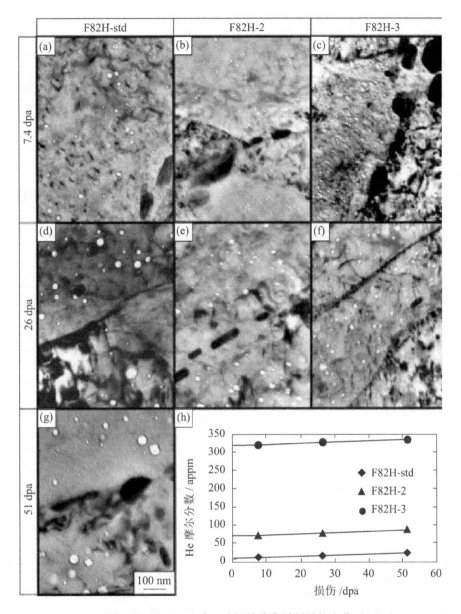

图 3-46 具有不同 B 含量的 F82H 内,孔洞的分布随剂量的变化 (673K) F82H-std

(4.1 或 8.2 appm[10]B) (F82H-2 (62 appm[10]B) (F82H-3 (325 appm[10]B)

X. Jia 和 Y. Dai 利用瑞士散裂中子源对 F82H 进行辐照试验,观测发现,当辐照温度 ≥165℃,He 的摩尔分数 ≥750×10[-6] 的情况下,才能够在材料内部观察到高密度的 He 泡。且随着辐照温度的升高,He 泡的密度减小、尺寸变大。在 400℃,20.5dpa,1800appmHe 的辐照条件下,探测得到的最大气泡半径达到了 50nm,并且出现了气泡尺寸双峰的分布。

T. Morimura 等对在 FFTF/MOTA 几种含 7%~9% Cr 的低活化马氏体钢进行辐照试验。结果表明,在 703K、67dpa 的情况下,所有样品内均有空洞的形成,但所有样品均呈现出了较好的抗辐照肿胀的能力 (<1%)。其中含有 30appmB 的 JLM-1 钢的肿胀率最大,

而 F82H 的抗辐照肿胀能力最强。

　　3）不同种类粒子辐照的优缺点

　　辐照所使用的不同种类的粒子，均有其特殊性，但也存在着一定的局限性。如表 3 - 7 所示，其列出了电子、重离子、轻离子及质子在辐照材料方面的优缺点。在模拟辐照效应方面，各个粒子都有自己的优缺点。对于所有的带电粒子束来说，除了轻离子辐照可能产生的少量嬗变反应外，其他的辐射都不产生嬗变反应，即无法发生中子与 Ni 和 B 的反应，进而无法产生 He。并且都需要用到光栅扫描波束（raster-scanned beam），在每个光栅扫描周期里只有一小部分的靶体积元素能够接收到离子辐照。根据典型的束流扫描参数，靶接收到离子辐照的体积元素占比只有 2.5%。因此靶在接受离子辐照的瞬间剂量率达到了平均的 40 倍。导致这瞬间的缺陷产生率非常高，而在不接受辐照的 0.975 个周期里，缺陷发生了退火。因此在光栅扫描系统中有效缺陷产生率会变小，而且这部分不可以忽略。

表 3 - 7　不同种类粒子辐照的优缺点

类型	优势	劣势
电子辐照	具有相对简单的辐照（TEM）； 使用标准的 TEM 样品； 较高的剂量率（辐照时间短）	最高能量只能到大约 1MeV； 无碰撞级联的形成； 高的损伤速率导致与中子辐照情况相比温度漂移比较明显； 温度控制较差； 无嬗变 He
重离子辐照	较高的剂量率； 级联的形成	有限的穿透深度； 随深度分布的损伤形貌； 高的损伤速率导致与中子辐照情况相比温度漂移比较明显； 离子注入导致可能的组分改变； 无嬗变 He
轻离子辐照	比中子更大的辐照剂量率； 较大的穿透深度； 几个微米范围内； 损伤分布较为均匀	样品具有较强的放射性； 级联较为分散且较小
质子辐照	剂量率增大； 辐照时间缩短； 可以有适量的温度变化； 辐照深度较客观； 在几十个 μm 内损伤较均匀	会造成样品轻微活化； 较小且分布广泛的级联反应； 没有嬗变反应

3.5　存在的问题

　　虽然核聚变被认为是最具潜力的未来能源，但就目前而言，聚变堆材料的研究还有着大量根本性的问题未解决，比如损伤率和 H 泡、He 泡在材料中的聚集。各种核变堆的损伤率及 H、He 离子浓度积累数据如表 3 - 8 所示，未来 3 ~ 4GW 级的聚变堆，其损伤率要高于裂变堆，而 H 离子和 He 离子浓度更是要远远高于裂变堆。这使得经过辐照后的材料中产生的大量空位和位错的位置会有大量的 H 离子和 He 离子聚集，进而形成 H 泡和 He 泡。

表 3 - 8　各种核变堆的损伤率及 H、He 离子浓度积累数据

缺陷	聚变堆（3 ~ 4GW 级反应堆）	裂变堆（快中子研究堆 BOR - 60）	瑞士散裂中子源（SINQ）	国际热核聚变材料辐射装置（IFMIF）
损伤率（dpa/year）	20 ~ 30	~ 20	~ 10	20 ~ 55
H 离子浓度（appm/dpa）	10 ~ 15	~ 1	~ 50	10 ~ 12
He 离子浓度（appm/dpa）	40 ~ 50	~ 10	~ 450	40 ~ 50

在聚变反应堆中，反应堆能量随着温度的升高而升高，两者之间的关系如图 3 - 47 所示。因此，如果要获得较高的能量产出，聚变中心区域的等离子体必须要保持在 10KeV 以上的高温。虽然通过研究发现，可以将聚变堆结构材料表面的温度降低到可以承受的范围，但结构材料还是需要在很高的温度下服役，这也意味着高温氦脆和空洞肿胀成为了影响聚变堆结构材料服役寿命的亟待解决的主要问题。

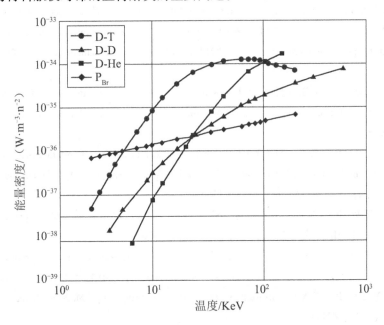

图 3 - 47　反应堆能量密度与温度的关系，其中 $1KeV = 1.16 \times 10^7 K$

参考文献

［1］VISWANATHAN R, COLEMAN K, RAO U. Materials for ultra-supercritical coal-fired power plant boilers ［J］. International Journal of Pressure Vessels and Piping, 2006, 83 (11 –12): 778 –783.

［2］KLUEH R L, NELSON A T. Ferritic/martensitic steels for next-generation reactors ［J］. Journal of Nuclear Materials, 2007, 371 (1 –3): 37 –52.

［3］VISWANATHAN R, BAKKER W. Materials for ultrasupercritical coal power plants ［J］. Journal of Materials Engineering and Performance, 2001 (10): 81 –95.

［4］NAGODE A, KOSEC L, ULET B, et al. Review of creep resistant ［J］. Metabk, 2011, 50 (1): 45 –48.

［5］VISWANATHAN R, SARVER J, TANZOSH J M. Boiler materials for ultra-supercritical coal power plants—steamside oxidation ［J］. Journal of Materials Engineering and Performance, 2006, 15 (3): 255 –274.

［6］BELADI H, KELLY G L, SHOKOUHI A, et al. The evolution of ultrafine ferrite formation through dynamic strain-induced transformation ［J］. Materials Science and Engineering: A, 2004, 371 (1 –2): 343 –352.

［7］MURATA Y, KAWAMURA K, KAMIYA M, et al. Compositional change of refractory elements in solution during aging in high cr heat resistant ferritic steels ［J］. ISIJ International, 2002 (42): 1591 –1593.

［8］GUSTAFSON A S, HÄTTESTRAND M. Coarsening of precipitates in an advanced creep resistant 9% chromium steel—quantitative microscopy and simulations ［J］. Materials Science and Engineering A, 2002 (333): 279 –286.

［9］ZHANG W F, P HU, Q G ZHOU, et al. Effect of heat treatment on the mechanical properties and the carbide characteristics of a high strength low alloy steel ［J］. J Iron Steel Res. Int. supplement 1 – 1, 2011 (18): 143 –147.

［10］POIRIER J P. Plasticité à haute température des solides cristallins ［M］. Paris: editions eyrolles, 1976.

［11］CHILUKURU H, DURST K, WADEKAR S, et al. Coarsening of precipitates and degradation of creep resistance in tempered martensite steels ［J］. Materials Science and Engineering: A, 2009 (510 –511): 81 –87.

［12］PARK J S, HA Y S, LEE S J, et al. Dissolution and precipitation kinetics of Nb (C, N) in austenite of a low-carbon Nb-microalloyed steel ［J］. Metallurgical and Materials Transactions A, 2009, 40 (3): 560 –568.

［13］TANEIKE M, SAWADA K, Abe F. Effect of carbon concentration on precipitation behavior of M23C6 carbides and MX carbonitrides in martensitic 9Cr steel during heat treatment ［J］. Metallurgical and Materials Transactions A, 2004, 35A (4): 1255 –1262.

［14］RODRIGUEZ P, RAO K B S. Nucleation and growth of cracks and cavities under creep-fatigue interaction ［J］. Progress in Materials Science, 1993 (37): 403 –480.

［15］ZHANG W F, LI X L, SHA W, et al. Hot deformation characteristics of a nitride strengthened martensitic heat resistant steel ［J］. Materials Science and Engineering: A, 2014 (590): 199 –208.

［16］MCQUEEN H J, RYAN N D. Constitutive analysis in hot working ［J］. Materials Science and Engineering A, 2002 (322): 43-63.

［17］A I FERNANDEZ, P URANGA, B LOPEZ, et al. Dynamic recrystallization behavior covering a wide austenite grain size range in Nb and Nb-Ti microalloyed steels ［J］. Materials Science and Engineering A, 2003, 361 (1 –2): 367 –376.

[18] DUTTA B, PALMIERE E J. Effect of Prestrain and Deformation Temperature on the Recrystallization Behavior of Steels Microalloyed with Niobium [J]. Metallurgical And Materials Transactions A, 2003 (34A): 1237 – 1247.

[19] URANGA P, FERNA'NDEZ A I, LO'PEZ B, et al. Transition between static and metadynamic recrystallization kinetics [J]. Materials Science and Engineering A, 2003 (345): 319 – 327.

[20] DONG H, SUN X J. Deformation induced ferrite transformation in low carbon steels [J]. Current Opinion in Solid State and Materials Science, 2005, 9 (6): 269 – 276.

[21] MOMENI A, DEHGHANI K. Hot working behavior of 2205 austenite-ferrite duplex stainless steel characterized by constitutive equations and processing maps [J]. Materials Science and Engineering: A, 2011, 528 (3): 1448 – 1454.

[22] KOSTKA A, TAK K, HELLMIG R, et al. On the contribution of carbides and micrograin boundaries to the creep strength of tempered martensite ferritic steels [J]. Acta Materialia, 2007, 55 (2): 539 – 550.

[23] HONG S G, KANG K B, PARK C G. Strain-induced precipitation of NbC in Nb and Nb-Ti microalloyed HSLA steels [J]. Scripta Materialia, 2002, 46 (2): 163 – 168.

[24] MCQUEEN H J, YUE S, RYAN N D, et al. Hot working characteristics of steels in austenitic state [J]. Journal of Materials Processing Technology, 1995 (53): 8.

[25] BHATTACHARYYA A, RITTEL D, RAVICHANDRAN G. Strain rate effect on the evolution of deformation texture for deta Fe [J]. Metallurgical and Materials Transactions A, 2006 (37A): 1137 – 1145.

[26] HONG S G, KANG K B, PARK C G. Strain-induced precipitation of NbC in Nb and Nb-Ti microalloyed HSLA steels [J]. Scripta Materialia, 2002, 46: 163 – 168.

[27] HONG S C, LEE K S. Influence of deformation induced ferrite transformation on grain [J]. Materials Science and Engineering A, 2002, 323: 148 – 159.

[28] DUTTA B, 1 E V, SELLARS C M. Mechanism and kinetics of strain induced precipitation of Nb (C, N) in austenite [J]. Acta metall, Mater, 1992, 40: 653 – 662.

[29] LIU W J. A new theory and kinetic modeling of precipitation of Nb (CN) in microalloyed strain-induced austenite [J]. Metallurgical and Materials Transactions A, 1995, 26A: 1641 – 1657.

[30] FAHR D. Stress-and strain-induced formation of martensite and its effects on strength and ductility of metastable austenitic stainless Steels [J]. Metallurgical Transactions, 1971 (2): 1883 – 1892.

[31] LIU W J, JONAS J J. BTi (CN) precipitation in microalloyed austenite during stress relaxation [J]. Metallurgical Transactions A, 1988 (19A): 1415 – 1424.

[32] HIN C, BRÉCHET Y, MAUGIS P, et al. Kinetics of heterogeneous dislocation precipitation of NbC in alpha-iron [J]. Acta Materialia, 2008, 56 (19): 5535 – 5543.

[33] ZHOU X G, LIU Z Y, YUAN X Q, et al. Modeling of strain-induced precipitation kinetics and evolution of austenite grains in Nb microalloyed steels [J]. Journal of Iron and Steel Research, International, 2008, 15 (3): 65 – 69.

[34] LIU W J, JONAS J J. A stress relaxation method for following carbonitride precipitation in austenite at hot working temperatures [J]. Metallurgical Transactions A, 1988 (19A): 1403 – 1413.

[35] MOLA J, COOMAN B C. Quenching and partitioning (Q & P) processing of martensitic stainless steels [J]. Metallurgical and Materials Transactions A, 2012, 44 (2): 946 – 967.

[36] MILITZER M, SUN W P, JONAS J J. Modeling the effect of deformation-induced vacancies on segregation

and precipitation [J]. Acta Metallurgica Et Materialia, 1994, 42 (1): 133 – 141.

[37] LANGDON T G. Identifiying creep mechanisms at low stresses [J]. Materials Science and Engineering A, 2000 (283): 266 – 273.

[38] KASSNER M E. Taylor hardening in five-power-law creep of metals and Class M alloys [J]. Acta Materialia, 2004, 52 (1): 1 – 9.

[39] LANGDON T G. Creep at low stresses An evaluation of diffusion creep and Harper-Dorn creep as viable creep mechanisms [J]. Metallurgical and Materials Transactions A, 2002 (33A): 249 – 260.

[40] KASSNER M E, KUMAR P, BLUM W. Harper-Dorn creep [J]. International Journal of Plasticity, 2007, 23 (6): 980 – 1000.

[41] ZHANG W F, YAN W, SHA W, et al. The impact toughness of a nitride-strengthened martensitic heat resistant steel [J]. Science China Technological Sciences, 2012, 55 (7): 1858 – 1862.

[42] TAYLOR A S, HODGSON P D. Dynamic behaviour of 304 stainless steel during high Z deformation [J]. Materials Science and Engineering: A, 2011, 528 (9): 3310 – 3320.

[43] AZEVEDO G, BARBOSA R, PERELOMA E V, et al. Development of an ultrafine grained ferrite in a low C-Mn and Nb-Ti microalloyed steels after warm torsion and intercritical annealing [J]. Materials Science and Engineering: A, 2005, 402 (1 – 2): 98 – 108.

[44] WU H, DU L, LIU X. Dynamic recrystallization and precipitation behavior of Mn-Cu-V weathering steel [J]. Journal of Materials Science & Technology, 2011, 27 (12): 1131 – 1138.

[45] KASSNER M E. Recent developments in understanding the mechanism of five-power-law creep [J]. Materials Science and Engineering: A, 2005 (410 – 411): 20 – 23.

[46] HÄTTESTRAND M, SCHWIND M, ANDRE'N H O. Microanalysis of two creep resistant 9% -12% chromium steels [J]. Materials Science and Engineering A, 1998 (250): 27 – 36.

[47] YAN W, WANG W, SHAN Y Y, et al. Microstructural stability of 9% -12% Cr ferrite/martensite heat-resistant steels [J]. Frontiers of Materials Science, 2013, 7 (1): 1 – 27.

[48] DJEBAILI H, ZEDIRA H, DJELLOUL A, et al. Characterization of precipitates in a 7. 9Cr-1. 65Mo-1. 25Si-1. 2V steel during tempering [J]. Materials Characterization, 2009, 60 (9): 946 – 952.

[49] TANAKA H, MURATA M, ABE F, et al. The effect of carbide distributions on long-term creep rupture strength of SUS321H and SUS347H stainless steels [J]. Materials Science and Engineering A, 1997 (234 – 236): 1049 – 1052.

[50] HAÈTTESTRAND M, ANDREÂN H O. Evaluation of particle size distributions of precipitates in a 9% chromium [J]. Micron, 2001 (32): 789 – 797.

[51] FUJIO ABE, TABUCHI M, TSUKAMOTO S, et al. In: KIST (Ed.) the 5th symposium on heat resistant steels and alloys for high efficiency USC/A-USC power plants, Seoul, Korea, 2013.

[52] NABARRO F R N. Creep at very low rates [J]. Metallurgical and Materials Transactions A, 2002 (33A): 213 – 220.

[53] CHARIT I, MURTY K L. Creep behavior of niobium-modified zirconium alloys [J]. Journal of Nuclear Materials, 2008, 374 (3): 354 – 363.

[54] KASSNER M E. Role of small-angle (subgrain boundary) and large-angle (grain boundary) interfaces on 5- and 3-power-law creep [J]. Materials Science and Engineering, A, 1993, 166: 81 – 88.

[55] DANIEL D, SAVOIE J, JONAS J J. Textures induced by tension and deep drawing in low carbon and extra

low carbon steel sheets [J]. Acta metall, mater, 1993 (41): 1907 – 1920.

[56] KASSNER M E, PEÂREZ-PRADO M T. Five-power-law creep in single phase metals and alloys [J]. Progress in Materials Science, 2000 (45): 1 – 102.

[57] HONG S C, LIM S H, HONG H S, et al. Effects of Nb on strain induced ferrite transformation in C-Mn steel [J]. Materials Science and Engineering: A, 2003, 355 (1 – 2): 241 – 248.

[58] MIYATA K, SAWARAGI Y. Effect of Mo and W on the phase stability of precipitates in low Cr heat resistant steels [J]. ISIJ International, 2001, 41 (3): 281 – 289.

[59] HARA K I, AOK H, MASUYAMA F, et al. Effect of nitrogen on the high temperature creep behavior of 9Cr-2Co steel [J]. ISIJ International, 1997, 37 (2): 181 – 187.

[60] HELIS L, TODA Y, HARA T, et al. Effect of cobalt on the microstructure of tempered martensitic 9Cr steel for ultra-supercritical power plants [J]. Materials Science and Engineering: A, 2009, 510 – 511: 88 – 94.

[61] LIU X Y, FUJITA T. Effect of chromium content on creep rupture properties of a high chromium ferritic heat resisting steel [J]. ISIJ International, 1989, 29 (8): 680 – 686.

[62] TODA Y, SEKI K, KIMURA K, et al. Effects of W and Co on long-term creep strength of precipitation strengthened 15Cr ferritic heat resistant steels [J]. ISIJ International, 2003, 43 (1): 112 – 118.

[63] SAWADA K, TANEIKE M, KIMURA K, et al. Effect of nitrogen content on microstructural aspects and creep behavior in extremely low carbon 9Cr heat-resistant steel [J]. ISIJ International, 2004, 44 (7): 1243 – 1249.

[64] ABE F, SEMBA H, SAKURAYA T. Effect of boron on microstructure and creep deformation behavior of tempered martensitic 9Cr steel [J]. Materials Science Forum, 2007, 539 – 543.

[65] ABE F, ARAKI H, NODA T. The effect of tungsten on dislocation recovery and precipitation behavior of low-activation martensitic 9Cr steels [J]. Metallurgical and Materials Transaction A, 1991 (22A): 2225 – 2236.

[66] TOKUNO K, HAMADA K, UEMORL R, et al. Role of a complex carbonitride of niobium and vanadium in creep strength of 9% Cr ferritic steels [J]. Scripta Materialia, 1991, 25: 1763 – 1768.

[67] KIMURA K, TODA Y, KUSHIMA H, et al. Creep strength of high chromium steel with ferrite matrix [J]. International Journal of Pressure Vessels and Piping, 2010, 87 (6): 282 – 288.

[68] MILOVIĆL, VUHERER T, BLAČIĆI, et al. Microstructures and mechanical properties of creep resistant steel for application at elevated temperatures [J]. Materials & Design, 2013 (46): 660 – 667.

[69] PRAT O, GARCIA J, ROJAS D, et al. The role of Laves phase on microstructure evolution and creep strength of novel 9% Cr heat resistant steels [J]. Intermetallics, 2013 (32): 362 – 372.

[70] K S, MARUYAMA K Y H. Creep life assessment of high chromium ferritic steels by recovery of martensitic lath structure [J]. Key Engineering Materials, 2000 (171 – 174): 109 – 114.

[71] R A, W B, C G. Evolution of microstructure and deformation resistance in creep of tempered martensitic 9%~12% Cr-2% W-5% Co steels [J]. Acta Materialia, 2006, 54 (11): 3003 – 3014.

[72] POLIAKT E I, JONASS J J. A one parameter approach to determining the critical conditions for the initiation of dynamic recrystallization [J]. Acta mater, 1996 (44): 10.

[73] KHAMEI A A, DEHGHANI K. Modeling the hot-deformation behavior of Ni60wt% -Ti40wt% intermetallic alloy [J]. Journal of Alloys and Compounds, 2010, 490 (1 – 2): 377 – 381.

［74］ ZHANG W F, SHA W, YAN W, et al. Constitutive modeling, microstructure evolution and processing map for a nitride strengthened heat resistant steel ［J］. Journal of Materials Engineering and Performance, 2014.

［75］ YONG Q l. The secondary phase in steel ［M］. Bei jing: Metallurgy Industry Publication, 2006.

［76］ TAN S, WANG Z, CHENG S, et al. Processing maps and hot workability of Super304H austenitic heat-resistant stainless steel ［J］. Materials Science and Engineering: A, 2009, 517 (1 - 2): 312 - 315.

［77］ ZIEGLER H. Progress in Solid Mechanics ［M］. New York: Wiley, 1965.

［78］ DEHGHAN-MANSHADI A, BARNETT M R, HODGSON P D. Hot deformation and recrystallization of austenitic stainless steel: Part Ⅰ. Dynamic Recrystallization ［J］. Metallurgical and Materials Transactions A, 2008, 39 (6): 1359 - 1370.

［79］ SUN W P, MILITZER M, BAI D Q, et al. Measurement and modelling of the effects of precipitation on recrystallization under multipass deformation conditions ［J］. Acta Metall, Mater, 1993, 41: 3595 - 3604.

［80］ GÜNDÜZ S. Static strain ageing behaviour of dual phase steels ［J］. Materials Science and Engineering: A, 2008, 486 (1 - 2): 63 - 71.

［81］ CHENGWU Z, DIANZHONG L, SHANPING L, et al. On the ferrite refinement during the dynamic strain-induced transformation: A cellular automaton modeling ［J］. Scripta Materialia, 2008, 58 (10): 838 - 841.

［82］ SOENEN B, DE A K, VANDEPUTTE S, et al. Competition between grain boundary segregation and Cottrell atmosphere formation during static strain aging in ultra low carbon bake hardening steels ［J］. Acta Materialia, 2004, 52 (12): 3483 - 3492.

［83］ ADVANI A H, MURR L E. Deformation site-specific nature of strain-induced transgranular carbide precipitation in type-316 stainless-steels ［J］. Scripta Metallurgica Et Materialia, 1991, 25 (2): 349 - 353.

［84］ DJAHAZI M, HE X L, JONAS J J, et al. Nb (C, N) precipitation and austenite recrystallization ［J］. Metallurgical Transactions A, 1992, 23A: 2111 - 2120.

［85］ DUTTA B, PALMIERE E J, SELLARS C M. Modelling the kinetics of strain induced precipitation in Nb microalloyed steels ［J］. Acta mater, 2001 (49): 785 - 794.

［86］ ALLAIN S, BOUAZIZ O, LEBEDKINA T, et al. Relationship between relaxation mechanisms and strain aging in an austenitic FeMnC steel ［J］. Scripta Materialia, 2011, 64 (8): 741 - 744.

［87］ ALMEIDA L H D, MAY I L, EMYGDIO P R O. Mechanistic modeling of dynamic strain aging ［J］. Materials Characterization, 1998 (41): 137 - 150.

［88］ CHAI G, ANDERSSON M. Secondary hardening behavior in super duplex stainless steels during LCF in dynamic strain ageing regime ［J］. Procedia Engineering, 2013, 55: 123 - 127.

［89］ ZHAO W, CHEN M, CHEN S, et al. Static strain aging behavior of an X100 pipeline steel ［J］. Materials Science and Engineering: A, 2012 (550): 418 - 422.

［90］ JUNG J G, PARK J S, KIM J, et al. Carbide precipitation kinetics in austenite of a Nb-Ti-V microalloyed steel ［J］. Materials Science and Engineering: A, 2011, 528 (16 - 17): 5529 - 5535.

［91］ PALAPARTI D P R, SAMUEL E I, CHOUDHARY B K, et al. Creep properties of grade 91 steel steam generator tube at 923K ［J］. Procedia Engineering, 2013 (55): 70 - 77.

［92］ GUSTAFSON Å, ÅGREN J. Possible effect of Co on coarsening of M23C6 carbide and orowan stress in a 9% Cr steel ［J］. ISIJ International, 2001 (41): 356 - 360.

［93］ FANG Y L, LIU Z Y, SONG H M, et al. Hot deformation behavior of a new austenite-ferrite duplex stain-less steel containing high content of nitrogen ［J］. Materials Science and Engineering：A, 2009, 526 (1 - 2)：128 - 133.

［94］ KIMURA K, KUSHIMA H, ABE F, et al. Inherent creep strength and long term creep strength properties of ferritic steels ［J］. Materials Science and Engineering A, 1997 (234 - 236)：1079 - 1082.

［95］ MOMENI A, DEHGHANI K. Characterization of hot deformation behavior of 410 martensitic stainless steel using constitutive equations and processing maps ［J］. Materials Science and Engineering：A, 2010, 527 (21 - 22)：5467 - 5473.

［96］ XIN Y, JU X, QIU J, et al. Vacancy-type defects and hardness of helium implanted CLAM steel studied by positron-annihilation spectroscopy and nano-indentation technique ［J］. Fusion Engineering and Design, 2012, 87 (5)：432 - 436.

［97］ DAI Y, ODETTE G R, YAMAMOTO T. The effects of helium in irradiated structural alloys ［J］. Comprehensive Nuclear Materials, 2012 (1)：141 - 193.

［98］ WAKAI E, KIKUCHI K, YAMAMOTO S, et al. Swelling behavior of F82H steel irradiated by triple/dual ion beams ［J］. Journal of nuclear materials, 2003 (318)：267 - 273.

［99］ YAMAMOTO T, ODETTE G R, KISHIMOTO H, et al. On the effects of irradiation and helium on the yield stress changes and hardening and non-hardening embrittlement of ~ 8Cr tempered martensitic steels：compilation and analysis of existing data ［J］. Journal of nuclear materials, 2006, 356 (1)：27 - 49.

［100］ KASADA R, KIMURA A, MATSUI H, et al. Enhancement of irradiation hardening by nickel addition in the reduced-activation 9Cr-2W martensitic steel ［J］. Journal of nuclear materials, 1998, 258：1199 - 1203.

［101］ PENG L, HUANG Q, OHNUKI S, et al. Swelling of CLAM steel irradiated by electron/helium to 17.5 dpa with 10appm He/dpa ［J］. Fusion Engineering and Design, 2011, 86 (9)：2624 - 2626.

［102］ ULLMAIER H, CHEN J. Low temperature tensile properties of steels containing high concentrations of helium ［J］. Journal of nuclear materials, 2003 (318)：228 - 233.

［103］ 朱丽慧. 新型锅炉用耐热钢的研究进展 ［J］. 热处理, 1999 (4)：6 - 13.

［104］ 王望根, 杨振国, 严伟, 等. 温度对 T91 铁素体/马氏体钢拉伸性能的影响 ［J］. 金属热处理, 2013 (4).

［105］ 王从曾. 材料性能学 ［M］. 北京：北京工业大学出版社, 2007.

［106］ 崔忠析. 金属学与热处理 ［M］. 北京：机械工业出版社, 2003.

［107］ 潘金生, 仝健民, 田民波. 材料科学基础 (修订版) ［M］. 北京：清华大学出版社, 2011.

［108］ 张俊善. 材料的高温变形与断裂 ［M］. 北京：科学出版社, 2007.

［109］ 赵钦新, 朱丽慧. 超临界锅炉耐热钢研究 ［M］. 北京：机械工业出版社, 2010.

［110］ 翟向伟. 550℃ 真空下 CLAM 钢蠕变—疲劳行为及失效机理研究 ［D］. 合肥：中国科学技术大学, 2017.

［111］ 李文超. RAFM 钢的瞬间液相扩散连接接头组织形成及蠕变性能研究 ［D］. 天津：天津大学, 2020.

［112］ 夏志新. 低活化钢中析出型相变及其对力学性能的影响 ［D］. 北京：清华大学, 2011.

［113］ 李烁. 超低碳 RAFM 钢的组织与性能研究 ［D］. 北京：北京科技大学, 2014.

［114］ 丁方强. 低活化马氏体钢真空扩散焊接工艺研究 ［D］. 合肥：合肥工业大学, 2017.

［115］ 祖木热提. 艾力尼牙孜. 核反应堆用铁素体/马氏体耐热钢成分设计及性能研究 ［D］. 上海：上

海交通大学，2013.

[116] 张玲玲. 核用 SIMP 钢中 Si 元素的作用机理研究 [D]. 合肥：中国科学技术大学，2021.

[117] 范嘉琪. 两种国产低活化铁素体马氏体钢的 He 离子辐照硬化研究 [D]. 合肥：中国科学院近代物理研究所，2016.

[118] 李远飞. 新型含高硅低活化铁素体——马氏体钢辐照损伤研究 [D]. 合肥：中国科学院近代物理研究所，2014.

[119] 尹胜. 形变热处理强化 CLAM 钢的多尺度组织调控与高温力学性能 [D]. 贵阳：贵州大学，2022.

[120] 赵彦云. 中国低活化马氏体钢高温疲劳行为及损伤机理研究 [D]. 合肥：中国科学技术大学，2015.

[121] 王伟. 中国低活化马氏体钢高温热时效行为与力学性能退化机理研究 [D]. 合肥：中国科学技术大学，2017.

[122] 张文凤. 多尺度碳氮化物强化马氏体耐热钢的研究 [D]. 合肥：中国科学技术大学，2014.

[123] 张文凤，李晓理，伟严，等. 一种获得多尺度氮化物强化马氏体耐热钢的工艺：中国，201310036788.7 [P]. 2013 – 01 – 22.